计算机技术
开发与应用丛书

Python语言实训教程

微课视频版

董运成 ◎ 主编

刘晓亚 何珍珍 方 定 王建光 徐本福 ◎ 副主编

清华大学出版社

北京

内 容 简 介

本书主要介绍 Python 相关软件的安装、基本语法、流程控制、函数和模块的编写、异常的使用、面向对象的编程思想和应用、文件操作、网络编程、数据处理和分析、数据可视化、网络爬虫技术、图形用户界面、软件测试及使用 Python 进行游戏开发等内容。

本书以实用为主,理论与实践相结合,以大量实用而有意思的小项目(如猜拳游戏、通过文件内容查询文件、音乐播放器、柱状动态图、西游记内容的统计和查找、网络聊天系统和太空对战游戏等)讲解 Python 知识与体系结构。通过来自电信、财务、航空、运输和医疗等行业中的模拟案例,帮助读者了解 Python 软件在各行业中的应用和开发流程。无论您想成为一名专业的 Python 开发者,还是希望利用 Python 解决实际问题,本书都将为您提供必要的知识和技能。

本书可作为高等院校各专业的 Python 语言入门教材,也可作为 Python 语言的自学参考书。

图书在版编目(CIP)数据

Python 语言实训教程 ：微课视频版 / 董运成主编.
北京 ：清华大学出版社，2024. 7. --（计算机技术开发与应用丛书）. -- ISBN 978-7-302-66863-3

Ⅰ. TP311.561
中国国家版本馆 CIP 数据核字第 2024TC4098 号

责任编辑：赵佳霓
封面设计：吴 刚
责任校对：时翠兰
责任印制：杨 艳

出版发行：清华大学出版社
  网   址：https://www.tup.com.cn，https://www.wqxuetang.com
  地   址：北京清华大学学研大厦 A 座   邮   编：100084
  社 总 机：010-83470000   邮   购：010-62786544
  投稿与读者服务：010-62776969，c-service@tup.tsinghua.edu.cn
  质量反馈：010-62772015，zhiliang@tup.tsinghua.edu.cn
  课件下载：https://www.tup.com.cn，010-83470236
印 装 者：三河市科茂嘉荣印务有限公司
经   销：全国新华书店
开   本：186mm×240mm   印   张：13.75   字   数：309 千字
版   次：2024 年 8 月第 1 版   印   次：2024 年 8 月第 1 次印刷
印   数：1～1500
定   价：59.00 元

产品编号：106149-01

前 言
PREFACE

党的二十大报告指出：教育、科技、人才是全面建设社会主义现代化国家的基础性、战略性支撑。必须坚持科技是第一生产力、人才是第一资源、创新是第一动力，深入实施科教兴国战略、人才强国战略、创新驱动发展战略，这三大战略共同服务于创新型国家的建设。高等教育与经济社会发展紧密相连，对促进就业创业、助力经济社会发展、增进人民福祉具有重要意义。

随着数字时代的飞速发展，掌握 Python 编程语言日益成为众多领域不可或缺的技能，简单、易读、易学且功能强大的特点使其成为最为流行的编程语言之一。Python 拥有活跃的社区和庞大的第三方生态系统，被广泛地应用于数据科学、机器学习、Web 开发、网络爬虫、科学计算、自动化脚本等领域。为了满足广大读者对于高效、互动式学习 Python 的需求，笔者非常荣幸地推出了这本全新的 Python 编程新形态教材。

本书内容深入浅出，以 Python 语言的特点为核心，结合新知识点的引入，采用讲解与练习相结合的方式，注重实践操作。通过分解任务、循序渐进的方式，分步骤详细讲解实现方法，使读者更容易理解。同时，通过精心设计的实战项目，帮助读者更好地掌握 Python 语言编程的方法和技巧，提升编程能力。

本书避免知识点的罗列，每章结合生活和工程中的案例，通过有意义的案例激发读者的学习兴趣，如猜拳游戏、查询西游记中孙悟空出现的次数、通过文件内容查询文件、音乐播放器、数据可视化、网络爬虫和太空对战游戏等。

理论联系实际，力求在教学中，从工程化和实用化的角度全面掌握 Python 语言。每章大都有生活和工程中的模拟案例，通过来自电信、财务、航空、运输等行业中的业务，掌握计算机编程中的实际业务开发流程。本书在为初学者构建较为完整 Python 语言知识体系的同时，也希望通过 Python 语言解决生活和工程中的实际问题，学以致用。

另外，希望通过大量的项目实践来培养读者的实战能力、团队协作能力、问题解决能力和职业素养。读者将所学的 Python 基础知识与当前的 Python 开发热点无缝对接，快速掌握 Python 项目开发的精髓，为以后实际的软件开发积累经验。

本书主要包括以下内容：

第 1 章　Python 语言简介，包括 Python 语言的发展历程、Python 软件的安装、开发工具 PyCharm 软件的安装和 Python 基础语法。

第 2 章　开启 Python 语言编程之旅，包括运算符的使用、数据类型、print 输出语句和 input 输入语句。

第 3 章　标准库简介，包括数字与数学模块（随机数的生成）、日期和时间模块。

第 4 章　Python 语言流程控制，包括选择结构 if 语句的使用、循环结构 while 和 for 语句的使用、break 和 continue 的用法。

第 5 章　函数和模块，包括递归函数和 lambda 表达式的使用、第三方包和模块的安装。

第 6 章　字符串的用法，包括字符串的运算、比较，以及字符串中函数的使用等。

第 7 章　更复杂的数据类型，包括列表、元组、集合和字典的使用。

第 8 章　异常，包括异常的语法结构、自定义异常及日志信息的记录。

第 9 章　面向对象编程，包括面向对象思想、类的定义和使用、继承等。

第 10 章　Python 文件操作，包括对文件和文件夹的管理、文件内容的读写、通过文件内容查找文件。

第 11 章　Python 网络编程，包括网络基础知识、网络通信中服务器端和客户端的通信、文件的网络传输、多用户通信等。

第 12 章　Python 图形用户界面，包括 Tkinter 的介绍，以及音乐播放器的制作等。

第 13 章　Pygame 游戏编程，包括 Pygame 中绘图、事件、图像的使用、音乐的播放、太空对战游戏等。

第 14 章　数据可视化，包括 NumPy、Matplotlib 库的介绍、柱状动态图的生成，理解如何将复杂数据转换为直观图表。

第 15 章　网络爬虫，包括 Requests、BeautifulSoup 和 Pandas 库的介绍，教授读者如何从互联网海量信息中抓取所需数据。

第 16 章　软件测试，包括测试的种类、Doctest、Unittest 和 Pytest 软件的使用。

读者可以按照本书的编排顺序学习，也可以根据自己的需求，对某一部分内容有针对性地学习。

资源下载提示

素材（源码）等资源：扫描目录上方的二维码下载。

视频等资源：扫描封底的文泉云盘防盗码，再扫描书中相应章节的二维码，可以在线学习。

在阅读本书时，务必动手实践，编写代码并进行调试。通过实际的练习，将更好地理解 Python 的语法、概念与应用，有助于开发能力的培养与训练。同时，鼓励积极参与讨论和交流，与其他 Python 爱好者分享经验与教训。学会通过搜索解决问题，养成查看 Python 和其他第三方库官方文档的习惯，文档往往包含最详细和权威的说明。

信阳职业技术学院刘晓亚和熊英老师参与了整本书的规划、体系设计以及校级新形态教材申报工作。何珍珍老师参与了第 1 章和第 4 章的编写，方定老师参与了第 3 章和第 7

章的编写,徐本福老师参与了第 5 章和第 6 章的编写。企业人员郑永生、刘松和王建光先生参与了数据可视化、网络爬虫等章节的编写指导工作。董运成老师负责全书的规划、设计和编写工作。

　　由于时间仓促,加之编者水平有限,书中难免有疏漏之处,欢迎广大读者批评指正。

编　者

2024 年 3 月

目 录
CONTENTS

教学课件（PPT）

本书源码

Python 语言简介

1.1　Python 语言的发展历程

▶ 5min

Python 语言的起源可以追溯到 20 世纪 80 年代末和 90 年代初。Python 语言的创始人是荷兰计算机科学家 Guido van Rossum。他在 1989 年圣诞节期间开始设计 Python，并于 1991 年发布了第 1 个版本。他将其命名为 Python，灵感来自他喜爱的电视剧《蒙提·派森的飞行马戏团》(*Monty Python's Flying Circus*)。

Guido van Rossum 的目标是创建一种易于理解和使用的编程语言，具有简洁明了的语法和强大的功能。他的设计理念包括强调代码的可读性和简洁性，以及提供一种简单而直观的方式来解决问题。

1991 年，Python 发布了第 1 个公开版本，这个版本被称为 Python 0.9.0。随着时间的推移，Python 逐渐发展壮大，并在 1994 年发布了 Python 1.0 版本。这个版本引入了一些重要的特性，例如异常处理机制和模块系统。

在接下来的几年里，Python 逐渐获得了更多的关注和用户。为了加强 Python 的功能和性能，Guido van Rossum 在 2000 年发布了 Python 2.0 版本。这个版本引入了重要的新特性，例如列表推导式和垃圾回收机制的改进。

由于 Python 2.x 系列版本存在着一些设计缺陷和不一致性，Guido van Rossum 在 2008 年发布了 Python 3.0 版本。这个版本进行了一些重大的语法和库的改进，但也导致了与前期 Python 2.x 不完全兼容的问题。

尽管 Python 3.x 存在一些兼容性问题，但随着时间的推移，Python 3.x 逐渐获得了更多的支持和广泛应用。许多开发者和组织已经迁移到了 Python 3.x，并且逐渐停止支持 Python 2.x。

1.2　Python 语言特点

Python 是一种高级、解释型、通用的编程语言，以简洁易读的语法而闻名。Python 的设计哲学强调代码的可读性和简洁性，使它成为学习编程的理想选择。

Python 具有以下特点：

（1）简洁易读：Python 的语法简洁清晰，使用空白符（缩进）来表示代码块，而不是使用大括号。这使代码更易于阅读和理解。

（2）动态类型：Python 是一种动态类型语言，无须事先声明变量的类型。可以在运行时根据上下文来改变变量的类型，使编程更加灵活。

（3）面向对象：Python 支持面向对象编程（OOP），可以使用类和对象来组织和封装代码。这种编程范式有助于提高代码的重用性和可维护性。

（4）可移植性：Python 具有跨平台的能力，可以在多种操作系统上运行，如 Linux、Windows、Mac 等，可以轻松地在不同的平台上进行开发和部署。

（5）强大的标准库：Python 拥有丰富的标准库，涵盖了各种常用功能，如文件操作、网络通信、图形界面等。这些库可以大大地简化开发过程，提高效率。

Python 的发展并不仅局限于语言本身，也包括生态系统丰富的第三方库和工具，如处理多维数组数据 NumPy 库、数据分析 Pandas 库、图形生成 Matplotlib 库和网页框架 Django 库等。活跃的社区和庞大的第三方库生态系统，使开发者可以快速地获取所需的工具和资源。Python 被广泛地应用于各个领域，包括数据科学、机器学习、Web 开发、科学计算、自动化脚本等，是这些领域的首选语言之一。目前，Python 3.x 是主流版本，得到了越来越多的支持和应用。

Python 的发展历程仍在继续，每年都会发布新的版本来改进和增强语言的功能和性能。Python 的简洁、易读和强大的特性使它在计算机科学领域持续受到关注和广泛应用。目前，Python 已经成为世界上最受欢迎的编程语言之一，其简洁易读的语法、丰富的标准库和庞大的社区支持使其在开发者社区中备受青睐。

1.3 Python 软件下载与安装

▶ 3min

接下来进入 Python 软件的下载与安装。首先打开官方网址 https://www.python.org，里面包括 Python 的介绍、软件下载、官方文档、社区和新闻等。选择导航栏中的 Downloads 下载菜单，在下拉列表中，可以根据不同的操作系统选择对应的版本，如图 1-1 所示。

以 Windows 操作系统为例，可以看到有多个 Windows 版本，下画线标出了适用的系统。例如 Python 3.9.5 不能在 Windows 7 或者更早的版本使用，而 Python 3.8.10 不能在 Windows XP 或者更早的版本使用。在这里，选择以 Python 3.8.10 为例进行安装说明，首先需要下载要安装的文件，如图 1-2 所示，下载完成后双击可执行文件便可进行安装。

在图 1-3 中，Install Now 表示默认安装，选择默认安装一定要选择图 1-3 中的最后一项 Add Python 3.8 to PATH，这样可以将 Python 中的可执行文件添加到环境变量中，以便在

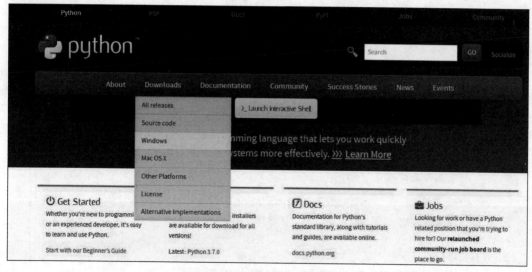

图 1-1 Python 语言官方页面

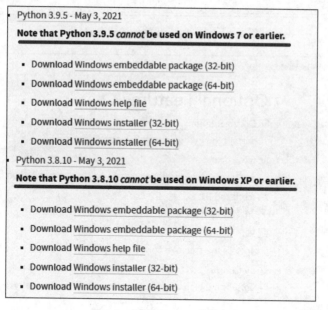

图 1-2 下载 Python 安装包

命令行中任意的位置运行 Python。Customize installation 表示自定义安装,我们一般选择自定义安装,因为自定义安装可以选择安装位置。

单击自定义安装后,为了后期使用方便,全部勾选各个复选框,然后单击 Next 按钮,如图 1-4 所示。

图 1-3　定义 Python 软件的安装路径

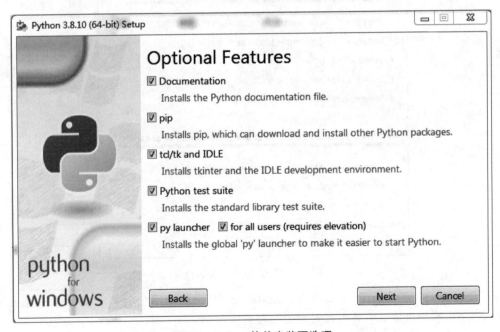

图 1-4　Python 软件安装可选项

复选框选择默认勾选选项，同时通过 Browse 浏览选择安装地址，例如选择的位置是 D:\Python38。选择安装位置后，单击 Install 按钮，进入安装过程，如图 1-5 所示。

最后，当 Python 软件安装完成后，单击 Close 按钮完成安装，如图 1-6 所示。

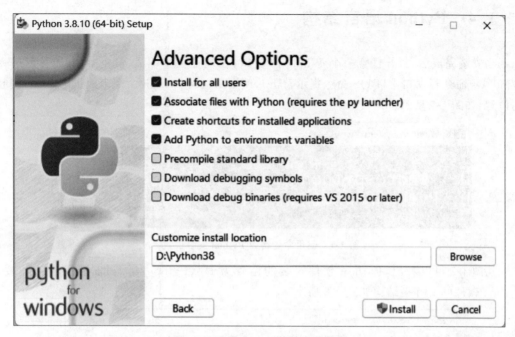

图 1-5　设置 Python 软件安装位置

图 1-6　Python 软件安装完成界面

1.4　Python 语言结构

当安装完成后，打开任意一个 Windows 窗口，在地址栏中输入 cmd 命令，回车后进入 Windows 命令行窗口中（DOS 命令提示符下），使用 where python 命令来测试 Python 安装的位置，如图 1-7 所示。

图 1-7　使用命令得到 Python 安装位置

从图 1-7 可以看出，Python 软件安装的位置为 D:\Python38。在安装所在的位置，Python 软件的文件夹结构如图 1-8 所示。

名称	修改日期	类型	大小
DLLs	2024/1/10 17:42	文件夹	
Doc	2024/1/10 17:42	文件夹	
include	2024/1/10 17:42	文件夹	
Lib	2024/1/10 17:42	文件夹	
libs	2024/1/10 17:42	文件夹	
Scripts	2024/1/10 17:42	文件夹	
tcl	2024/1/10 17:42	文件夹	
Tools	2024/1/10 17:42	文件夹	
LICENSE.txt	2021/5/3 11:54	文本文档	32 KB
NEWS.txt	2021/5/3 11:55	文本文档	934 KB
python.exe	2021/5/3 11:54	应用程序	100 KB
python3.dll	2021/5/3 11:54	应用程序扩展	59 KB
python38.dll	2021/5/3 11:54	应用程序扩展	4,113 KB
pythonw.exe	2021/5/3 11:54	应用程序	98 KB
vcruntime140.dll	2021/5/3 11:54	应用程序扩展	94 KB
vcruntime140_1.dll	2021/5/3 11:54	应用程序扩展	36 KB

图 1-8　Python 软件的文件夹结构

Python软件安装后,主要包含以下几个文件夹。

(1) include文件夹:包含Python的库文件,这些文件是Python解释器所需要的。

(2) Lib文件夹:绝大多数标准库源码保存在这个文件夹中,其中,site-package包含后续安装的第三方模块和包。

(3) Scripts文件夹:存放的是一些可执行文件,这些文件是一些Python脚本,可以被直接运行。例如,pip.exe就在这个文件夹下。

(4) DLLs:包含Python的静态链接库,里面有.dll和.pyd文件。

(5) Doc:包含Python官方的参考文档,是最权威的学习工具。

(6) libs:包含Python的内置库。

除此之外,还有一些其他的文件夹,例如tcl文件夹下存放的是Python默认内置的GUI工具Tkinter等。

在命令提示符下,也可以输入 python --version 命令查看Python语言的版本号,如图1-9所示。

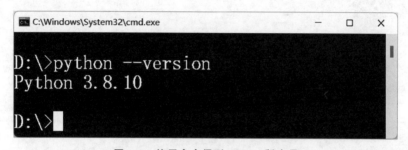

图1-9 使用命令得到Python版本号

从图1-9可以得知,作者计算机上的Python语言的版本号为Python 3.8.10。

1.5 使用集成开发环境编写代码

▶ 3min

由于在命令提示符下进行开发,有许多不便之处。在实际开发中,一般使用集成开发环境(Integrated Development Environment,IDE)进行开发。Python语言中有多种集成开发环境可供选择,常用的有以下几种。

(1) PyCharm:由JetBrains开发,是为Python编程而设计的强大的IDE,具有调试、语法高亮、Project管理、代码跳转、智能提示、自动完成、单元测试、版本控制等功能。

(2) Spyder:一个开源的Python IDE,特别适合数据分析和机器学习领域。它具有类似于MATLAB的交互式Shell和编辑器,以及类似于RStudio的界面。

(3) Visual Studio Code:一个轻量级的但功能强大的源代码编辑器,可以扩展以支持绝大多数编程语言。它有一个强大的插件市场,可以用来扩展其功能。

(4) Jupyter Notebook:一个开源的Web应用程序,允许创建和共享包含实时代码、方程、可视化和叙述性文本的文档。常用于数据清理和转换、数值模拟、统计建模、数据可视化等。

（5）Sublime Text：一个高度可定制的文本编辑器，可以通过插件来扩展其功能。它支持 Python 语法高亮和自动完成等功能。

（6）IDLE：Python 自带的 IDE，具有基本的编辑、调试等功能。

本书以集成开发环境 PyCharm 为例，说明安装及使用方法。

1.5.1 PyCharm 的下载与安装

PyCharm 的下载网址为 https://www.jetbrains.com/pycharm/download/#section=windows，有 Professional 专业版和 Community 社区版两种版本供我们选择，其中 Community 社区版是免费的，可以满足我们的编程需求，如图 1-10 所示。

图 1-10　下载 PyCharm 软件

将安装文件下载到本地后，双击安装文件，进入安装界面，Next 表示下一步，Cancel 表示取消安装，如图 1-11 所示。

图 1-11　开始安装 PyCharm 软件

安装位置建议不要安装在系统 C 盘上，以免占用系统空间，建议选择其他盘符，如图 1-12 所示。

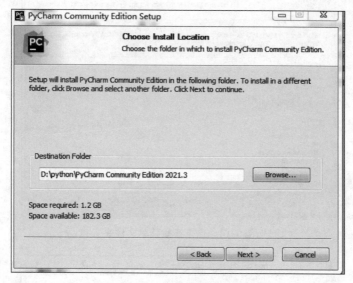

图 1-12　选择安装文件夹

单击 Next 按钮，进入安装选项界面，此时应全部勾选复选框，其中 Add "bin" folder to the PATH 表示将 bin 文件夹添加到环境变量中，以便在任何位置都可以启动 PyCharm 软件，如图 1-13 所示。

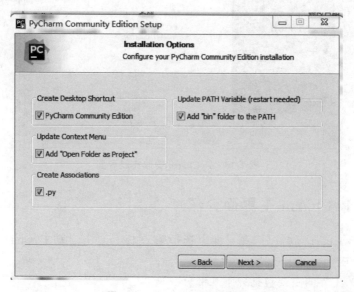

图 1-13　PyCharm 安装选项

再单击 Next 按钮，建立快捷方式，选择默认的 JetBrains，如图 1-14 所示。

随后单击 Install 按钮进行安装，完成后会提示是否重新启动计算机，如图 1-15 所示。

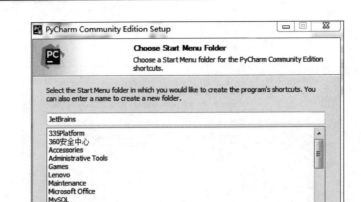

图 1-14　选择开始菜单文件夹

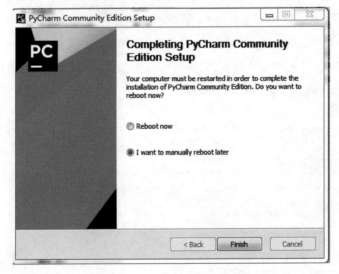

图 1-15　PyCharm 安装完成界面

1.5.2　PyCharm 主界面介绍

安装完成 PyCharm 软件后，在桌面上选择 ▣ 图标。双击启动 PyCharm 软件，此时会出现 PyCharm 主界面，如图 1-16 所示。

PyCharm 的主界面主要包括以下几部分。

（1）顶部的主菜单区域：包括 File、Edit、Navigate、Tools、VCS、Window 等菜单，提供了各种操作和功能，如文件/项目操作、编辑、导航、工具、版本控制等。

（2）中间最大的区域为代码编辑区：这是我们编写代码的主要区域。

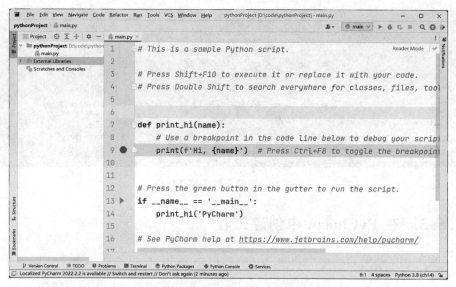

图 1-16　PyCharm 主界面

（3）左边部分为项目文件管理区：这个区域可以查看和管理项目结构，实现项目和项目中文件的生成、创建、打开、查看及重命名等操作。

（4）底部的人机交互区域：包括运行和调试控制台，可以显示程序运行的过程和结果及报错信息、TODO 列表、版本控制信息等，这些窗口可以根据需要展开或折叠，以提供额外的信息和功能。

当代码编辑区字体太小时，可以选择 File→Settings→Editor →Font，对字体的大小和行高进行修改，如图 1-17 所示。

图 1-17　在 PyCharm 中设置字体和行高

另外，当计算机中安装有多个 Python 版本的环境时，也可以选择 File→Settings→Project：pythonProjects→Python Interpreter 对编译环境进行修改。选择不同的 Python 版本，以适应不同的工程环境需要，如图 1-18 所示。

图 1-18　选择不同的编译环境

1.5.3　在 PyCharm 中创建工程

在 PyCharm 中单击 File→New Project，则进入创建一个新工程界面，如图 1-19 所示。

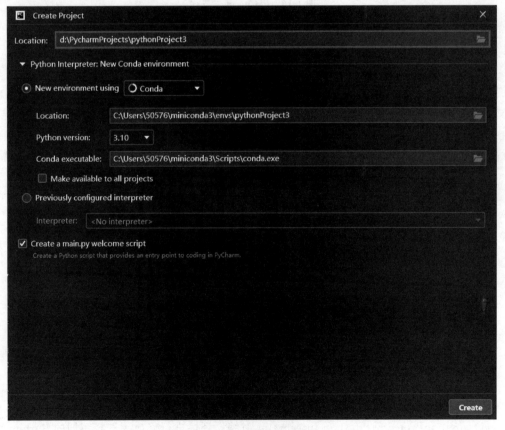

图 1-19　选择工程位置

在图 1-19 中,Location 表示工程所在的位置。最好不要将工程文件和系统文件都放在系统 C 盘下,建议将工程放在另一个盘符下,并且路径中不要有汉字,以防止出现意想不到的错误。

工程所在的位置下面几行表示当运行 Python 文件时,需要找到 Python 语言编译器,即 Python 安装文件所在的位置。可以根据需要进行修改,使用不同的版本和编译环境来运行不同的 Python 工程代码。

修改完成后,单击右下角的 Create 按钮创建 Python 项目工程。

进入 Python 项目工程主界面后,可以删除主界面中所有原来的默认源代码。重新输入代码,完成后在主界面窗口右击,从弹出的菜单中选择 Run 'main' 来运行程序,执行的过程和结果会出现在最下面的窗口中,如图 1-20 所示。

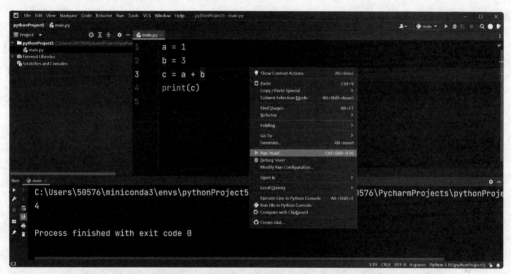

图 1-20　在 PyCharm 中运行程序

也可以选择窗口右上角的 中的绿色三角形图标,以此来启动程序的执行。

在图 1-20 中,定义了 3 个变量,第 1 个变量 a 的值为 1,第 2 个变量 b 的值为 3,对两个变量进行求和,第 3 个变量 c 的值为 4,最后将结果输出在最下面的控制台窗口中,结果为 4。

1.6　实训作业

(1) 完成 Python 软件的安装。

(2) 完成 PyCharm 软件的安装。

(3) 在命令行下编写简单的 Python 代码。

(4) 熟悉 PyCharm 环境,使用 PyCharm 编写简单的 Python 代码。

开启 Python 语言编程之旅

2.1 交互式编程模式

Python 软件安装完成后,可以开始我们的编程之旅了。

从右下角主菜单中找到 Python 语言的快捷方式,选择 IDLE(Python 3.8 64-bit),使用 IDLE 集成开发环境运行 Python 语言中的代码,如图 2-1 所示。

可以选择 Python 3.8(64-bit)进入 Windows 命令行窗口中进行操作,也可以打开任意一个 Windows 窗口,在地址栏中输入 cmd 命令,按 Enter 键进入 Windows 命令行窗口中(命令提示符下),输入 python 命令来运行 Python 语言程序,如图 2-2 所示。

图 2-1 "开始"菜单中的 Python 快捷方式

```
C:\Windows\System32\cmd.exe - python
Microsoft Windows [版本 10.0.22000.2538]
(c) Microsoft Corporation。保留所有权利。

D:\>python
Python 3.8.10 (tags/v3.8.10:3d8993a, May  3 2021, 11:48:03) [MSC v.192
8 64 bit (AMD64)] on win32
Type "help", "copyright", "credits" or "license" for more information.

>>> 3+2*5+6
19
>>>
```

图 2-2 在命令行中运行 Python 语言程序

2.2 Python 语言运算符

在 Python 语言中,主要包括算术运算符、关系运算符和逻辑运算符。Python 中的运算符和数学中的格式略有不同。

2.2.1 算术运算符

算术运算符是用来进行基本数学运算的符号,见表2-1。

表 2-1 算术运算符

运　算　符	描　　述	示　　例	输 出 结 果
＋	相加	3＋6	9
－	相减	6－3	3
＊	相乘	2＊3	6
/	相除	7/2	3.5
％	取余	6％2	0
＊＊	幂次方	2＊＊3	8
//	整除	7//2	3

2.2.2 关系运算符

关系运算符也称为比较运算符,用于比较两个对象的值之间的大小,结果为真或假,见表2-2。

表 2-2 关系运算符

运　算　符	描　　述	示　　例	输 出 结 果
＞	大于	3＞2	True
＞＝	大于或等于	3＞＝4	False
＜	小于	2＜3	True
＜＝	小于或等于	3＜＝3	True
＝＝	判断是否相等	a＝＝a	True
!＝	判断是否不相等	a!＝a	False

2.2.3 逻辑运算符

逻辑运算符主要进行逻辑运算,见表2-3。

表 2-3 逻辑运算符

运算符	描　　述	示　　例	输 出 结 果
and	A且B,当两边同时为真时,结果为真	5＞6 and 9＞8	False
or	A或B,当两边有一个为真时,结果为真	3＜6 or 5＞2	True
not	非A,对结果进行取反操作	not 5＝＝5	False

在进行比较运算和逻辑运算时,所得到的结果只能有两种:当结果为真时,值为True;当结果为假时,值为False。注意值的第1个单词为大写。

在Python语言中,算术运算的优先级大于关系运算,关系运算的优先级大于逻辑运算。

2.3 变量的定义和注释语句

在 Python 语言中，变量的定义非常简单和灵活。Python 中的变量可以用一个标识符来表示，该标识符可以是任何字母、数字和下画线组合，但必须以字母或下画线开头。

Python 中的变量不需要提前声明，可以直接赋值。赋值操作使用等号（＝）作为运算符，将一个值或运算的结果分配给一个变量，示例如下：

```
x = 10
```

在上面的例子中，整数 10 被赋值给了变量 x。这样，x 就被定义为一个整数类型的变量。

除了整数类型，Python 还支持其他数据类型，例如浮点数、字符串等。这些数据类型可以通过赋值来说明这个变量的数据类型，代码如下：

```
y = 3.14                              ♯定义一个浮点数类型的变量 y
z = "Hold fast to dreams!"           ♯定义一个字符串类型的变量 z
```

在上面的例子中，变量 y 被定义为一个浮点数类型，变量 z 被定义为一个字符串类型。

♯表示单行注释语句，一般放在代码的上一行或代码的后边，用来解释代码的功能和目的，使其他开发者更容易理解代码的含义，提高了代码的可读性，在与他人协作开发时尤其重要。另外，当在测试新代码或修复错误时，注释语句可以帮助开发者临时禁用某些代码行。这在确定问题所在或尝试不同的解决方案时非常有用。

在 Python 程序中，如果希望编写的注释信息内容很多，一行无法显示，则可以使用多行注释。多行注释用一对连续的 3 个引号（单引号和双引号都可以）表示，代码如下：

```
♯第 2 章 2.1 多选注释的应用
'''
下面这一段代码,使用两种方法
实现了两个变量值的交换
'''
♯第 1 种方法
a = 5
b = 6
c = a
a = b
b = c
print(a,b)
♯第 2 种方法
a,b = b,a
print(a,b)

♯输出的结果如下
6,5
5,6
```

在以后要学到的函数和类中,也会用多行注释来表明这个类或函数的功能,可以方便地转换为文档说明。

需要注意的是,Python 中的变量类型是动态的,也就是说变量的类型可以随时改变,示例如下:

```
x = 3.14              ♯定义一个浮点数类型的变量
x = "Hello, world!"   ♯定义一个字符串类型的变量
```

在上面的例子中,变量 x 最初被定义为一个整数类型,后来被重新定义为字符串类型。Python 会自动跟踪变量的类型,并在需要时进行类型转换。

在 Python 中,以下是被保留的关键字,不能作为变量名或者函数名使用:and、as、assert、break、class、continue、def、del、elif、else、except、False、finally、for、from、global、if、import、in、is、lambda、nonlocal、not、or、pass、raise、return、True、try、while、with、yield。

可以使用多条语句进行算术运算或逻辑运算,代码如下:

```
♯第 2 章 2.2 使用多条语句进行算术运算
a = 3
b = 5
c = a + b
c = c + 2
print(c)

♯输出的结果如下
10
```

在上述代码中,首先变量 a 被赋值为 3,b 的值为 5,经过求和,变量 c 的值为 8。在 c＝c＋2 代码中,表示变量 c 的值与数字 2 相加,再重新赋值给变量 c。最后通过 print 语句在屏幕上输出变量 c 的值为 10。

Python 语言中的运算是从等号右边开始进行的,将最后的结果赋值给等号左边的变量。

2.4　Python 语言中的数据类型

2.4.1　常用的数据类型

▶ 4min

类似于数学,在 Python 语言中,常用的数据类型如下。

(1) 数字类型(Number):用于表示整数、浮点数和复数,如整数类型(int)、浮点数类型(float)和复数类型(complex)。

(2) 字符串类型(str):用于表示文本数据,可以通过单引号、双引号或三引号来定义。

(3) 布尔类型(bool):用于表示真或假,包括 True 和 False 两个值。

另外 None 在 Python 中是一个特殊的对象,它表示空值,其类型为 NoneType。None

常用于 assert(断言)、判断及函数无返回值的情况。

在进行运算时，要注意不同数据类型的混合运算。整数类型与浮点数类型数据相加时会自动转换为浮点型数据，代码如下：

```
a = 6
b = 9.8
c = a + b
print(c)

# 输出的结果如下
15.8
```

而整数类型数据与字符型数据相加时，则会出错。

```
>>> 3 + 'a'
Traceback (most recent call last):
  File "<stdin>", line 1, in <module>
TypeError: unsupported operand type(s) for + : 'int' and 'str'
```

在上述加法运算中，整数类型的数据不能和字符串类型的数据相加，否则会出现 TypeError，此错误是一种不支持操作类型错误。

5min

2.4.2 不同的数据类型之间的转换

在 Python 语言中，不同的数据类型之间可以进行相互转换。

【示例 2-1】 整数类型转换为浮点数类型，代码如下：

```
int_num = 10
float_num = float(int_num)
print(float_num) # 输出:10.0
```

【示例 2-2】 浮点数类型转换为整数类型，代码如下：

```
float_num = 10.5
int_num = int(float_num)
print(int_num) # 输出:10
```

注意，这种方法将直接舍去小数部分。如果想四舍五入到最近的整数，则可以使用内置的 round() 函数。

【示例 2-3】 用内置的 round() 函数进行类型转换，代码如下：

```
float_num = 10.6
int_num = round(float_num)
print(int_num) # 输出:11
```

【示例 2-4】 字符串类型转换为整数类型或浮点数类型，代码如下：

```
# 第 2 章 2.3 字符串类型转换为整数类型或浮点数类型
str_num = '123'
```

```
int_num = int(str_num)
print(int_num) #输出:123
str_float = '3.14'
float_num = float(str_float)
print(float_num) #输出:3.14
```

【示例 2-5】 字符串转换为复数类型,代码如下:

```
#第 2 章 2.4 字符串转换为复数类型
str1 = '1 + 2j'
str2 = '3 + 5j'
x = complex(str1)
y = complex(str2)
print(x + y)

#输出的结果如下
(4 + 7j)
```

【示例 2-6】 整数类型或浮点数类型转换为字符串类型,代码如下:

```
#第 2 章 2.5 整数类型或浮点数类型转换为字符串类型
int_num = 123
str_num = str(int_num)
print(str_num) #输出:'123'

float_num = 3.14
str_float = str(float_num)
print(str_float) #输出:'3.14'
```

2.5 print 输出语句

7min

在 Python 中,print 函数用于将文本或变量的值打印到控制台,语法如下:

```
print(value1,value2, …, sep = ' ',end = '\n', file = sys.stdout, flush = False)
```

各个参数的含义如下:

(1) value1,value2,…是要打印的值,可以是文本或变量。它们之间用逗号分隔。

(2) sep 是分隔符参数,用于指定多个值之间的分隔符,默认为一个空格。

(3) end 是结束字符参数,用于指定打印结束后的字符,默认为一个换行符。

(4) file 是输出文件参数,用于指定打印的目标文件,默认为 sys.stdout,即控制台。

(5) flush 是刷新缓冲区参数,如果将其设置为 True,则会立即将打印内容输出到目标文件,否则会在缓冲区满或程序结束时输出。

下面是一些使用 print 函数的示例。

【示例 2-7】 简单内容的输出，代码如下：

```
print("Hello, World!")        #打印文本,输出:Hello, World!
print(10)                     #打印整数,输出:10
print(3.14)                   #打印浮点数,输出:3.14
```

【示例 2-8】 使用逗号分隔符打印多个值，代码如下：

```
name = "小明"
age = 18
print("我的名字是",name,",今年",age,"岁了。")

#输出的结果如下
我的名字是 小明 ,今年 18 岁了。
```

【示例 2-9】 使用 end 分隔符，多行内容将在同一行输出，代码如下：

```
print("博闻强识而让", end = ',')
print("敦善行而不怠", end = ',')
print("谓之君子。")

#输出的结果如下
博闻强识而让,敦善行而不怠,谓之君子。
```

【示例 2-10】 使用 sep 中的连接符，首先将多个值连接到一起，然后输出，代码如下：

```
print("富润屋", "德润身","心广体胖","故君子必诚其意",sep = ',')

#输出的结果如下
富润屋,德润身,心广体胖,故君子必诚其意
```

print 函数可以在控制台上看到输出的结果。注意，print 函数默认会在打印完内容后换行。如果不希望换行，则可以通过将 end 参数设置为一个空字符串实现。

2.6　格式化输出

在 Python 中，可以使用多种方法来对内容按照一定的格式进行输出。

2.6.1　使用"％"操作符

7min

在 Python 语言中，有时需要对数据按照一定的格式进行输出，使用"％"操作符进行格式化输出的格式如下：

```
% [flags] [width] [.precision]
```

（1）flags：这是可选的标志字符，可以用来指定输出格式的一些选项。常用的标志包括以下几种。

　■ 一：左对齐输出；

- ■ ＋：在正数前面显示正号；
- ■ 0：用 0 填充数字。

（2）width：这是可选的数字，表示输出的最小宽度。如果输出结果的长度小于这个宽度，则会在左侧用空格或其他指定的字符填充。

（3）precision：这是可选的小数位数，用于控制输出的精度。对于整数，这个参数通常不用。

可以对整数、浮点数和字符串按照上面的格式进行格式化输出，其中%s 表示字符串类型，%d 表示整数类型，%f 表示浮点数类型。它们的用法类似。

【示例 2-11】 十进制整数的输出，其中%d 代表整数的占位符，代码如下：

```
# 第 2 章 2.6 十进制整数格式的输出
print("%d" % 123)              # 输出："123"
print("%10d" % 123)            # 输出："        123"(右对齐,共占 10 位,左边补 7 个空格)
print("%+d" % 123)             # 输出："+123"(左边有正号)
print("%04d" % 123)            # 输出："0123"(左边补 0,总共 4 位)
print("%-10d" % 123)           # 输出："123        "(左对齐,右面有 7 个空格)
```

【示例 2-12】 浮点数格式化输出，其中%d 代表整数的占位符，代码如下：

```
# 第 2 章 2.7 浮点数格式化输出
print("%f" % 3.14159)          # 输出："3.141590"
print("%.2f" % 3.14159)        # 输出："3.14" 保留两位小数
print("%8.2f" % 3.14159)       # 输出：" 3.14" 右对齐,保留两位小数,共占 8 位
print("%-8.2f" % 3.14159)      # 输出："3.14 " 左对齐,保留两位小数,共占 8 位
```

【示例 2-13】 字符串类型数据的输出，代码如下：

```
name = "John"
print("Hello, %8s!" % name)    # 共占 8 位

# 输出的结果如下
# Hello,     John!
```

【示例 2-14】 多个变量的输出，代码如下：

```
city = "北京"
area = 16
print("%s 土地面积为 %f 万平方千米" %(city,area))

# 输出的结果如下
北京 土地面积为 16.000000 万平方千米
```

2.6.2 使用 str.format()函数

字符串格式化 str.format()方法是在字符串中插入一对花括号{ }作为占位符，然后使用 format()方法提供要填充到占位符的值。

4min

【示例 2-15】 使用字符串格式化 str.format()方法进行内容输出，代码如下：

```
name = "Jack"
age = 20
message = "My name is {} and I am {} years old.".format(name, age)
print(message)

＃输出的结果如下
My name is Jack and I am 20 years old.
```

【示例 2-16】 利用 str.format()方法使用位置参数或关键字参数来填充占位符。位置参数是按顺序传递的，而关键字参数使用占位符名称来匹配值，代码如下：

```
＃第 2 章 2.8 使用位置参数和关键字参数进行格式化输出
name = "Jack"
age = 20
＃位置参数的使用
message = "My name is {0} and I am {1} years old.".format(name, age)
print(message)
＃关键字参数的使用
message = "My name is {name} and I am {age} years old.".format(name = name, age = age)
print(message)

＃输出的结果如下
My name is Jack and I am 20 years old.
My name is Jack and I am 20 years old.
```

使用关键字参数清晰地指定了每个占位符的含义，因此更具可读性。

2.6.3 使用 f-strings 方式

4min

类似于 str.format()函数，可以使用 f-strings(仅适用于 Python 3.6 及以上版本)，在双引号前面加上字符 f(大小写均可)进行格式化输出。

【示例 2-17】 格式化输出单个内容，代码如下：

```
name = "John"
print(f"Hello, {name}!")       ＃输出:Hello, John!
```

【示例 2-18】 对多个变量的格式化输出，代码如下：

```
city = "酒泉"
year = 1970
print(f"{year}年,中国第一颗人造地球卫星在{city}卫星发射中心成功发射,由此开创了中国航天史的新纪元。")

＃输出的结果如下
1970 年,中国第一颗人造地球卫星在酒泉卫星发射中心成功发射,由此开创了中国航天史的新纪元。
```

【示例 2-19】　数字类型变量的输出,代码如下:

```
amount = 123.56
print(F"汇款金额为 % 8.2f 元" % amount)          ♯右对齐,共 8 位,保留两位小数
print(F"汇款金额为 % − 8.2f 元" % amount)        ♯左对齐,共 8 位,保留两位小数

♯输出的结果如下
汇款金额为   123.56 元
汇款金额为 123.56    元
```

【示例 2-20】　浮点型数据的输出,代码如下:

```
♯格式化输出,不足部分补 0
day = 8
mouth = 12
year = 2023
print(f"今天是{year}年{mouth:02d}月{day:02d}日")

♯输出的结果如下
今天是 2023 年 12 月 08 日
```

7min

2.7　input 输入语句

在 Python 语言中,input 函数用于获取用户输入的内容。一般在运行时会有提示信息,并将用户输入的内容作为字符串返回。

input 函数的语法如下:

```
input(prompt = None)
```

其中,prompt 是一个可选参数,用于指定提示用户输入的字符串。

input 的基本输入格式示例如下:

```
username = input("请输入姓名:")     ♯此时 username 接收的是字符串型数据
```

运行此行代码,input 函数会在控制台上显示提示信息"请输入姓名:",等待用户输入内容,如图 2-3 所示。

图 2-3　使用 input 函数完成用户输入

当用户输入完内容 Tom 后,变量 username 的值为字符串类型的数据"Tom"。

注意,input 函数返回的是字符串,如果需要将输入的内容转换为其他类型(如整数或浮

点数），则需要使用相应的类型转换函数，如 int()或 float()。

在下面的例子中，想得到年龄信息。在第 1 行代码中，通过 input 函数输入年龄信息，但是变量 age 得到的值为字符串类型。通过第 2 行代码，由 int 函数将 age 的值转换为整数类型，代码如下：

```
age = input("请输入年龄:")
age = int(age)
```

可以将上述两行代码合并为一行，代码如下：

```
age = int(input("请输入年龄:"))
```

此时变量 age 要求输入的类型为整数型，但是如果输入的是字符串，例如 abc，则会提示如下错误：ValueError：invalid literal for int() with base 10：'abc'。

同理，转换成浮点数型的输入格式如下：

```
x = float(input("提示次:"))
```

此时 x 为浮点数，但是如果输入的是字符，例如 abc，则会报错，提示如下错误：ValueError：could not convert string to float：'abc'。

当用户完成输入后，程序会继续执行 input 函数后续的代码。需要注意的是，input 函数可以接收用户输入的任何内容，包括空格和特殊字符。在处理用户输入时，应该进行适当的验证和转换，以确保程序的正确性和安全性。

【示例 2-21】　输入两个整数，并求和，代码如下：

```
x = input("请对 x 变量输入值:")
y = input("请对 y 变量输入值:")
z = int(x) + int(y)      #将字符串类型转变为整数类型
print("两个数的和为:",z)

#输出的结果如下
请对 x 变量输入值:6
请对 y 变量输入值:8
两个数的和为: 14
```

【示例 2-22】　输入三门课程的成绩，并求总分和平均分，代码如下：

```
#第 2 章 2.9 输入三门课程的成绩,并求总分和平均分
math = input("请输入数学成绩:")
chinese = input("请输入语文成绩:")
english = input("请输入英语成绩:")
sum = float(math) + float(chinese) + float(english)
print("三门课程总分为:",sum)
print("三门课程平均分为:",sum/3)
print(f"三门课程平均分为:{sum/3:8.2f}")

#输出的结果如下
请输入数学成绩:98
```

```
请输入语文成绩:96
请输入英语成绩:97
三门课程总分为: 291.0
三门课程平均分为: 97.0
三门课程平均分为: 97.00
```

【示例 2-23】　输入充值手机号和金额,并输出充值结果,代码如下:

```
tel = input("请输入手机号:")
amount = input("请输入充值的金额:")
print(f"手机号为{tel}的用户已充值人民币{amount}元")

# 输出的结果如下
请输入手机号:13912345678
请输入充值的金额:600
手机号为 13912345678 的用户已充值人民币 600 元
```

2.8　实训作业

（1）使用 IDLE 编写 Python 程序。

（2）编写一个程序,判断一个给定的整数是否为偶数。

（3）编写一个程序,计算并输出两个整数的和、差、积和商。

（4）编写一个程序,输入一个三位数的整数,将其百位、十位和个位数字分别输出。

（5）编写一个程序,输入一个年份,判断是否为闰年。闰年的条件是能被 4 整除但不能被 100 整除,或者能被 400 整除。

（6）编写一个程序,输入小时数、分钟数和秒数,按整数值格式化为两位数的十进制数,不足两位的用零填充。输出结果的示例如下:

```
# 输出的结果如下
请输入小时数:9
请输入分钟数:26
请输入秒数:39
时间为 09:26:39
```

标准库简介

2min

Python 的标准库是一个包含许多模块和函数的集合,这些模块和函数都是 Python 语言本身的一部分。Python 标准库中的一些常用模块和函数有以下几个。

(1) os 模块:提供了与操作系统交互的函数,例如文件和文件夹操作。

(2) time 模块:提供了时间相关的函数,例如获取当前时间、延迟等。

(3) 数字和数学模块:提供了与数字和数学相关的函数和数据类型。Math 模块包含各种数学函数。decimal 模块支持使用任意精度算术的十进制数的精确表示。random 模块用于生成随机数。

(4) pymysql:一个用于连接和操作 MySQL 数据库的模块。

(5) threading 和 multiprocessing 模块:用于多线程和多进程编程。

(6) queue 模块:一个线程安全的队列类,用于多线程之间的通信。

(7) datetime 模块:处理日期和时间的类。

下面我们就常用的数学与日期和时间模块做一下说明,其他内容可参看官方说明文档。

3.1 数字与数学模块

本章介绍的模块提供了与数字和数学相关的函数和数据类型。numbers 模块定义了数字类型的抽象层次结构。Math 模块提供了对 C 标准定义的数学函数的访问。decimal 模块支持使用任意精度算术的十进制数的精确表示。

3.1.1 数学 Math 模块的使用

Math 模块包括数学函数、三角函数、角度转换函数和常量等。在使用 Math 模块之前,必须首先使用 import 语句导入 Math 模块,代码如下:

```
import math
```

Math 模块常用的函数如下。

（1）math. ceil(x)对 x 的值向上取整，即大于或等于 x 的最小的整数，代码如下：

```
import math                          # 导入 Math 模块,下同,不再重复
n1 = math.ceil(5.6)                  # 向上取整,输出:6
n2 = math.ceil(5.1)                  # 向上取整,输出:6
```

（2）math. fabs(x)返回 x 的绝对值，代码如下：

```
n1 = math.fabs( - 66)
print("n1 = ",n1)                    # 输出:n1 = 66.0
```

（3）math. floor(x)返回 x 的向下取整，小于或等于 x 的最大整数，代码如下：

```
n1 = math.floor( - 6.3)
n2 = math.floor(9.6)
print("n1 = ",n1)                    # 输出:n1 =  - 7
print("n2 = ",n2)                    # 输出:n2 =  9
```

（4）math. trunc(x)返回去除小数部分的 x，只留下整数部分，代码如下：

```
n1 = math.trunc(12.45678)
print("n1 = ",n1)                    # 输出:n1 = 12
```

（5）math. sqrt(x)返回 x 的平方根，代码如下：

```
x = math.sqrt(100)
print("100 的平方根为"x)

# 输出的结果如下
100 的平方根为 10.0
```

（6）math. radians(x)将角度 x 从度数转换为弧度。

（7）math. cos(x)返回 x 弧度的余弦值，代码如下：

```
# 计算 60°的余弦值
# 注意:math.cos 接收的是弧度,所以需要将 60°转换为弧度
radians = math.radians(60)
print(radians)                       # 输出:1.0471975511965976
cos_value = math.cos(radians)
print(cos_value)                     # 输出:0.5000000000000001
```

（8）math. sin(x)返回 x 弧度的正弦值，代码如下：

```
# 计算 45°的正弦值
radians = math.radians(45)
sin_value = math.sin(radians)
print(sin_value)                     # 输出:0.7071067811865476
```

（9）math. tan(x)返回 x 弧度的正切值，代码如下：

```
# 计算 45°的正切值
radians = math.radians(45)
tan_value = math.tan(radians)
print(tan_value)                     # 输出:0.9999999999999999
```

（10）math. atan(x)返回以弧度为单位的 x 的反正切值。用法与正切函数类似。

（11）math. pi 是一个预定义的浮点数，表示数学常数 π（圆周率），代码如下：

```
radius = 5
area = math.pi * radius ** 2
print(f"圆的面积是 {area:8.2f}")

＃输出的结果如下
圆的面积是    78.54
```

3.1.2　精度 decimal 模块

计算机在对浮点类型的数字进行数学运算时，结果会有误差，代码如下：

```
x = 2.356
y = 3.60
z = x + y
print(z)
＃输出的结果如下
5.9559999999999995
```

Decimal 数字的表示是完全精确的。在 Python 中，使用 Decimal 类可以对两个浮点数进行精确求和，以避免浮点数运算中的精度问题。Decimal 类位于 decimal 模块中，因此在使用之前需要先导入该模块。

下面演示如何使用 Decimal 类对两个浮点数进行求和，代码如下：

```
＃第 3 章 3.1 使用 Decimal 类对两个浮点数进行求和
from decimal import Decimal

num1 = Decimal('2.356')
num2 = Decimal('3.60')
result = num1 + num2
print(result)

＃输出的结果如下
5.956
```

在上面的代码中，from decimal import Decimal 表示从 decimal 模块中导入 Decimal 类。首先使用 Decimal 类创建了两个浮点数 num1 和 num2，然后使用加法运算符"＋"对它们进行求和，并将结果存储在变量 result 中。最后，使用 print()函数打印结果。

使用 Decimal 类可以确保浮点数运算的精确性，特别是在涉及金钱计算等需要高精度的场景中非常有用。

3.1.3　随机数 random 模块

在 Python 语言中，random 模块实现了各种分布的伪随机数生成器。这个模块提供了多种生成随机数的功能。

（1）生成一个[0,1)的随机浮点数（包含 0，但不包含 1），代码如下：

```
import random                                  # 导入 random 模块

random_number = random.random()
print(random_number)                           # 随机生成一个[0,1)的随机浮点数

# 输出的结果如下
0.24206096892194762
```

（2）生成一个指定范围内的随机整数，代码如下：

```
import random

random_number = random.randint(1, 10)         # 生成 1 到 10(包括 10)的随机整数
print(random_number) # 输出:2
```

（3）从一个序列中随机选择一个元素，代码如下：

```
import random

my_list = [1, 2, 3, 4, 5]                      # 定义一组数列
random_choice = random.choice(my_list)         # 从一组数列中随机选择一个数
print(random_choice)                           # 输出:3
```

3.2　日期和时间模块

1min

Python 语言中的 datetime 模块用于日期和时间的获取、表达和转换，此模块提供了以下类。

（1）datetime：表示一个具体的日期和时间。

（2）date：表示一个具体的日期（年、月、日）。

（3）time：表示一天中的时间。

（4）timedelta：表示两个日期或时间之间的差异。

根据日期和时间，可以得到与日期和时间相关的信息，例如一个月内的留言、一天内的留言或设定八小时后的工作等。

3.2.1　日期时间 datetime 类

8min

通常 datetime 类包含对日期和时间的处理，以下是 datetime 模块中常用的方法。

（1）datetime.now()：返回当前日期和时间。

（2）datetime.strptime(date_string, format)：根据指定的格式字符串将字符串解析为日期。

（3）datetime.combine(date，time)：将给定的日期和时间组合成一个新的 datetime 对象。

（4）datetime.date()：返回 datetime 对象的日期部分。

（5）datetime.time()：返回 datetime 对象的时间部分。

（6）datetime.timestamp()：返回表示日期和时间的浮点数时间戳。

（7）datetime.strftime(format)：将 datetime 对象格式化为字符串。

（8）datetime.isoformat()：将 datetime 对象格式化为 ISO 8601 格式的字符串。

（9）datetime.replace(year，month，day，hour，minute，second，microsecond)：返回一个新的 datetime 对象，使用指定的年、月、日、时、分、秒和微秒部分替换当前对象的相应部分。

（10）datetime.isoweekday()：返回 ISO 周几的整数，其中 1 表示星期一，7 表示星期日。

以下是一些使用 datetime 模块处理时间和日期的例子。

【示例 3-1】 获取当前日期和时间，代码如下：

```
from datetime import datetime        ♯导入 datetime 模块的 datetime 类

now = datetime.now()                 ♯获取当前日期和时间
print("当前时间:", now)

♯输出的结果如下
当前时间: 2023 - 12 - 27 20:53:10.254654
```

由于要使用 datetime 模块，所以必须在程序的第 1 行导入相应的模块和类。在语句 from datetime import datetime 中，第 1 个 datetime 表示模块名，第 2 个 datetime 表示 datetime 类。

【示例 3-2】 将指定数字组成日期类型，代码如下：

```
from datetime import date          ♯导入 datetime 模块的 date 类

♯创建一个特定日期的实例
d = date(2023, 7, 4) ♯2023 年 7 月 4 日
print("特定日期:", d)

♯输出的结果如下
特定日期: 2023 - 07 - 04
```

【示例 3-3】 日期格式化，代码如下：

```
from datetime import datetime

♯获取当前时间
now = datetime.now()

♯格式化输出
formatted_time = now.strftime("%Y- %m- %d %H:%M:%S")
print("当前时间为", formatted_time)
```

使用 strftime()方法将当前时间格式化为字符串。strftime()方法的参数是一个格式字符串,它指定了日期的输出格式。在这个示例中,使用%Y-%m-%d %H:%M:%S 作为格式字符串,它将日期和时间格式化为"年-月-日 时:分:秒"的格式。

也可以使用不同的格式字符串来控制日期的输出格式。例如,如果想要将日期和时间格式化为"月/日/年 时:分:秒"的格式,则可以将格式字符串改为"%m/%d/%Y %H:%M:%S"。

【示例 3-4】 获取 5 天内的所有日期,代码如下:

7min

```
#第3章 3.2 获取 5 天内的所有日期
from datetime import datetime,timedelta

#获取 5 天内的所有日期
current_date = datetime.now()
dates_in_month = []
future_date = current_date + timedelta(days = 5)
while current_date < future_date:
    dates_in_month.append(current_date)
    current_date += timedelta(days = 1)

print("5 天内的所有日期:")
for date in dates_in_month:
    print(date)

#输出的结果如下
5 天内的所有日期:
2024 - 01 - 30 21:11:52.499425
2024 - 01 - 31 21:11:52.499425
2024 - 02 - 01 21:11:52.499425
2024 - 02 - 02 21:11:52.499425
2024 - 02 - 03 21:11:52.499425
```

3.2.2 时间间隔 timedelta 类

4min

其中 timedelta 是 datetime 模块中的一个类,用于表示时间间隔,其参数包括以下几个。

(1) days:表示天数,可以为正数(表示天数)或负数(表示往前推的天数,下同)。

(2) seconds:表示秒数。

(3) microseconds:表示微秒数。

(4) milliseconds:表示毫秒数。

(5) minutes:表示分钟数。

(6) hours:表示小时数。

(7) weeks:表示周数。

这些参数都是可选的,可以根据需要选择使用。例如,可以使用 timedelta(days=10)

表示 10 天的时间间隔。

【示例 3-5】　timedelta 用于表示时间间隔，即两个日期或时间之间的差异。可以得到当前时间，并推断当前时间之后 8h45min 后的日期，代码如下：

```
#第 3 章 3.3 计算两个日期之间的间隔
from datetime import datetime, timedelta
#获取当前日期
now = datetime.now()
print("当前日期:", now)

#创建 8h45min 后的日期
future_date = now + timedelta(hours = 8, minutes = 45)
print("8h45min 后的日期:", future_date)

#计算两个日期之间的差异
difference = future_date - now
print("日期差:", difference)

#输出的结果如下
当前日期: 2024 - 01 - 12 14:36:05.641164
8h45min 后的日期: 2024 - 01 - 12 23:21:05.641164
日期差: 8:45:00
```

3.2.3　日期 date 类

在 Python 的 date 模块中，主要提供了 date 类，用于表示日期（年、月、日）。以下是一些常用的方法。

（1）date(year, month, day)：创建一个表示指定日期的 date 对象。

（2）year、month、day：获取日期的年、月、日部分。

（3）replace(year, month, day)：返回一个新的日期对象，使用指定的年、月、日部分替换当前日期对象中的相应部分。

（4）weekday()：返回日期对应的星期几，其中 0 表示星期一，6 表示星期日。

（5）isoweekday()：返回日期对应的 ISO 周几，其中 1 表示星期一，7 表示星期日。

（6）isocalendar()：返回包含年份、ISO 周数和一周中的日期的元组。

（7）strftime(format)：根据指定的格式字符串将日期格式化为字符串。

【示例 3-6】　演示 date 模块的用法，代码如下：

```
#第 3 章 3.4 date 模块的用法
from datetime import date,datetime

#创建一个 date 对象
d = date(2023, 7, 5)
#获取当前日期和时间
#d = datetime.now()
```

```
#获取date对象中的年、月、日部分
year = d.year
month = d.month
day = d.day
print(year, month, day) #输出:2023 7 5

#使用replace方法替换年、月、日部分
new_d = d.replace(year = 2024, month = 8, day = 15)
print(new_d) #输出:2024 - 08 - 15

#获取星期几和ISO星期几
weekday = d.weekday()
isoweekday = d.isoweekday()
print(weekday, isoweekday) #输出:4 5(根据实际日期而定)

#将日期格式化为字符串
formatted_date = d.strftime("%Y-%m-%d")
print(formatted_date) #输出:2023 - 07 - 05
```

3.2.4 时间 time 类

8min

在 Python 的 time 类中,提供了一系列与时间相关的功能,以下是一些常用的方法。

(1) time():返回当前的时间戳,表示从 1970 年 1 月 1 日 00:00:00 起经过的秒数。

(2) sleep(seconds):暂停程序执行指定的秒数,参数 seconds 代表秒数。

(3) localtime():将时间戳转换为本地时间的 time.struct_time 元组。

(4) gmtime():将时间戳转换为 UTC 时间的 time.struct_time 元组。

(5) asctime(time_tuple):将 time.struct_time 元组格式化为字符串表示。

(6) ctime(seconds):将时间戳转换为字符串表示。

(7) strptime(string,format):根据指定的格式字符串解析字符串中的时间。

这些方法可以帮助我们在 Python 中进行时间戳计算、格式化时间、处理本地时间和 UTC 时间等操作。有时需要使用和时间相关的组件,例如提醒用户在某个时间节点做什么事情。

【示例 3-7】 时间的输出,代码如下:

```
import time

#将时间值格式化输出
current_time = time.strftime("%H:%M", time.gmtime())
print(f"现在的时间为{current_time}。")

#输出的结果如下
现在的时间为 06:41。
```

【示例 3-8】 时间的比较和定时执行某项工作，代码如下：

```
♯第 3 章 3.5 定时执行某项工作
import time

last_time = time.time()
current_time = time.strftime("% H:% M", time.localtime())
print(f"当前的时间为 {current_time},1 分钟后有提示信息")

time.sleep(60)                          ♯其中 sleep()函数指延迟执行程序给定的秒数

new_cur_time = time.time()
time_passed = int((new_cur_time − last_time) / 60)     ♯计算时间差
print(f" {time_passed} 分钟过去了,请按时完成任务")

♯输出的结果如下
当前的时间为 14:51,1 分钟后有提示信息
1 分钟过去了,请按时完成任务
```

3.3　实训作业

（1）编写一个程序，输入一个正整数，使用数学模块中的函数计算其阶乘。

（2）已知列表 numbers = [5，2，8，1，9]，使用数学模块中的函数求出最大值和最小值。

（3）编写一个程序，输入一个日期，计算该日期的前一天和后一天，使用时间和日期模块中的函数完成计算。

（4）编写一个程序，输入两个日期，计算两个日期之间的天数差，使用时间和日期模块中的函数完成计算。

（5）编写一个程序，输入一个日期，判断该日期是星期几，使用时间和日期模块中的函数完成判断。

Python 语言流程控制

计算机编程语言的流程控制是用来决定程序语句运行顺序的重要机制,它主要分为以下几种。

(1)顺序控制:程序按照代码的顺序从上到下依次执行。

(2)条件分支:可以分为单分支、双分支和多分支。单分支表明根据某个条件结果执行某段代码。双分支则是根据某个条件的结果,选择执行不同的代码段。多分支则是根据多个条件的结果,选择执行不同的代码段。

(3)循环控制:当满足某个条件时,重复执行某段代码,直到条件不再满足为止。例如,for 循环、while 循环等。

在上面的几种流程控制中,除了顺序控制,其他的流程控制可能会让有些语句反复执行,也可能有些语句不会被执行。这些流程控制方式使程序员能够更灵活地控制程序的运行流程,实现更复杂的逻辑和功能,以适应实际的业务需求。

4.1 程序流程图

在进行编程之前,为了解决实际的问题,我们有时会想出一些思路和步骤。为了更好地体现这些思路和步骤,软件开发人员会通过流程图来直观地描述一个工作过程的具体步骤。流程图使用一些标准符号代表某些类型的动作。

为了在后续的章节中更加直观地展示各种流程控制的原理,将使用流程图来对它们进行描述。常用的流程图的基本元素包括以下几种。

(1)圆角矩形:表示流程图的起点或结束点。

(2)判断框:对一个给定的条件进行判断,根据给定的条件是否成立来决定如何执行后面的操作。

(3)矩形框:表示流程中某些特定的操作,用来表示在执行过程中的一个单独的步骤。

(4)箭头:表示流程的顺序或过程的方向。

流程图,作为一种有效的可视化工具,能够清晰地描述各种过程的运行逻辑和步骤。有助于我们更直观地描述业务流程,方便我们将实际的业务转换为程序代码。

图 4-1　顺序结构流程

4.2　顺序结构

顺序结构是 Python 语言中最基本的程序结构，它按照代码的先后顺序，从上到下依次执行，如图 4-1 所示。

【示例 4-1】　一个简单的顺序结构的 Python 程序，代码如下：

```python
# 第 4 章 4.1 顺序结构的实现
# 定义变量
a = 10
b = 20
print("这是第 1 条语句")
print("这是第 2 条语句")
print("这是第 3 条语句")
# 计算 a 和 b 的和
sum = a + b

# 输出结果
print("a 和 b 的和是:", sum)
```

在这个例子中，程序会按照代码的顺序，依次执行每条语句。首先定义了两个变量 a 和 b，然后依次打印出 3 条语句，接着计算 a 和 b 的和，最后打印出结果。程序按照代码的顺序执行，没有跳跃或者分支。

9min

4.3　选择结构

选择结构是编程中常用的一种结构，用于根据条件的真假选择不同的执行路径。Python 提供了几种不同类型的选择结构，包括单分支选择结构、双分支选择结构、多分支选择结构及选择结构的嵌套。下面会逐一介绍它们。

4.3.1　单分支选择结构

单分支选择结构流程如图 4-2 所示。

单分支选择结构只有一个条件，根据这个条件的真假决定是否执行某个代码块。Python 中可以使用 if 语句实现单分支选择结构，语法如下：

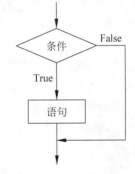

图 4-2　单分支选择结构流程

```python
if 条件:
    # 代码块
```

在上面的语法中,条件是一个逻辑表达式,其结果为 True 或 False。如果条件为 True,则执行 if 语句下面的代码块,如果条件为 False,则代码块不会被执行。代码块中可能会包含一条或多条语句。

在进行代码编写时,if 语句条件后面为冒号(:),并且 if 语句下面的语句块要缩进 4 个英文字符,表示条件为真时要执行的内容。Python 中的缩进是非常重要的,它用来表示代码块的层次结构。在 Python 中,缩进不正确会导致语法错误。

【示例 4-2】 演示如何使用 if 语句来检查一个数字是否大于 0,代码如下:

```
num = 10
if num > 0:
    print("这个数字大于 0。")
print("程序结束")
```

在上面的示例中,如果 num 的值大于 0,则条件为真,输出的结果如下:

```
这个数字大于 0。
程序结束
```

如果修改程序代码,将 num 的值改为负数,则条件为假,输出的结果如下:

```
程序结束
```

这时第 1 个 print 输出语句将不会被执行。

【示例 4-3】 判断是否满足申请奖学金的条件,代码如下:

```
♯第 4 章 4.2 判断是否满足申请奖学金的条件
chinese = int(input('请输入语文成绩:'))
math = int(input('请输入数学成绩:'))
english = int(input('请输入英语成绩:'))
if chinese > 90 and math > 90 and english > 90:
    print("恭喜,您满足申请奖学金的条件")
```

在这个示例中,程序会检查语文、数学和英语成绩是否满足申请奖学金的条件。如果满足条件,程序则会输出“恭喜,您满足申请奖学金的条件”。如果条件为假,则最后一行语句不会被执行。

4.3.2 双分支选择结构

双分支选择结构流程如图 4-3 所示。

双分支选择结构根据条件判断来选择执行不同的代码块。这种结构通常包括一个条件表达式,如果该表达式的值为真,则执行一个代码块;如果该表达式的值为假,则执行另一个代码块。双分支选择结构有两个选择,根据条件的真假分别执行不同的代码块。Python 中可以使用 if-else 语句实现双分支选择结构,语法如下:

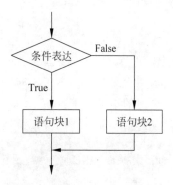

图 4-3 双分支选择结构流程

```
if 条件:
    #代码块 1
else:
    #代码块 2
```

当条件的结果为 True 时，则执行代码块 1，当条件的结果为假时，则执行代码块 2。代码块 1 和代码块 2 不会被同时执行。

【示例 4-4】 读取用户输入的内容，并将它转换为整数类型，然后判断这个数字是否大于或等于 0。如果是，就输出这个数字，如果不是，就输出这个数字的相反数，代码如下：

```
#第 4 章 4.3 输出这个数的绝对值
m = input("请输入 1 个数:")
m = int(m)
if m >= 0:
    print(m)
else:
    print(-m)

#输出的结果如下
请输入 1 个数:-5
5
#再次运行,输出的结果如下
请输入 1 个数:9
9
```

【示例 4-5】 模拟邮箱登录系统，根据输入的用户名和密码判断是否进入邮箱中，代码如下：

```
#第 4 章 4.4 模拟邮箱登录系统
username = input("请输入用户名:")
password = input("请输入密码:")
if username == "admin" and password == "123":
    print("进入邮箱系统中")
else:
    print("用户名或密码错误")
```

如果输入正确的用户名和密码，则执行进入邮箱中的流程。

输出的结果如下：

```
请输入用户名:admin
请输入密码:123
进入邮箱系统中
```

当用户名和密码不正确时，则会提示"用户名或密码错误"。

输出的结果如下：

```
请输入用户名:aaa
请输入密码:567
用户名或密码错误
```

【示例 4-6】　猜数游戏,通过计算机随机生成 1 个数,让用户来猜,代码如下:

```
♯第 4 章 4.5 猜数游戏
import random                          ♯引入随机数相关的类
m = random.randint(1,3)               ♯随机生成 1 个数:1 或 2 或 3
u = input("请输入 1 个数:")            ♯提示用户输入 1 个数
u = int(u)                            ♯将字符串类型数据转换为整数类型
print(f"计算机随机生成的数为{m}")      ♯打印出随机生成的数
if m == u:                            ♯对计算机生成的数和用户输入的数进行比较
    print("你太厉害了,猜对了")
else:
    print("很遗憾,没有猜对")
```

当用户的输入和计算机生成的数一致时,输出的结果如下:

```
请输入 1 个数:1
计算机随机生成的数为1
♯输出的结果如下
你太厉害了,猜对了
```

当用户的输入和计算机随机生成的数不一致时,输出的结果如下:

```
请输入 1 个数:3
计算机随机生成的数为1
♯输出的结果如下
很遗憾,没有猜对
```

4.3.3　多分支选择结构

多分支选择结构有多个条件,根据不同条件的真假来执行不同的代码块。Python 中可以使用 if-elif-else 语句实现多分支选择结构,如图 4-4 所示。

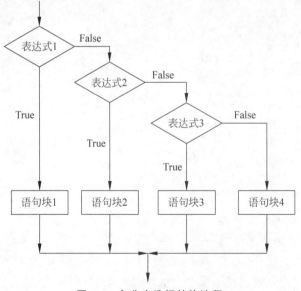

图 4-4　多分支选择结构流程

语法如下：

```
if condition1:
    代码块 1
elif condition2:
    代码块 2
elif condition3:
    代码块 3
…
else:
    代码块 4
```

当 condition1 条件为真时，执行代码块 1，然后跳过后续的条件判断部分。当 condition2 条件为真时，执行代码块 2，然后跳过后续的条件判断部分。以此类推，当 condition3 条件为真时，执行代码块 3。如果所有条件都为假，则执行代码块 4(else 部分)。

【示例 4-7】　根据输入不同的分数，输出不同的结果。

(1) 如果用户输入 100，则输出"神一样的同学"。

(2) 如果用户输入 90～99，则输出"优秀的同学"。

(3) 如果用户输入 80～89，则输出"良好的同学"。

(4) 如果用户输入 70～79，则输出"一般的同学"。

(5) 如果用户输入 60～69，则输出"及格的同学"。

(6) 如果输入 60 分以下，则输出"不及格的同学"。

代码如下：

```
♯第 4 章 4.6 输入不同的分数,输出不同的结果
s = input("请输入 0～100 的分数:")
s = int(s)
if s > 100 or s < 0:
    print("请输入符合条件的成绩")
elif s == 100:
    print("神一样的同学")
elif s >= 90 and s < 100:
    print("优秀的同学")
elif s >= 80 and s < 90:
    print("良好的同学")
elif s >= 70 and s < 80:
    print("一般的同学")
elif s >= 60 and s < 70:
    print("及格的同学")
else:
    print("不及格的同学")
```

在这个程序中，首先输入分数，然后判断是否是合法的成绩，如果是合法的成绩，则根据输入的不同的成绩，显示不同的结果。

【示例 4-8】　剪刀、石头、布是一个猜拳游戏。在游戏规则中，石头克剪刀，剪刀克布，布克石头。可以通过计算机随机生成 3 个数中的一个，与用户输入的数进行比较，以此来决

定胜负,代码如下:

```
# 第 4 章 4.7 剪刀、石头、布猜拳游戏
根据不同的数字代表不同的含义:剪刀 1,石头 2,布 3
import random           # 导入随机数
# 计算机随机生成一个数字
m = random.randint(1,3)# 随机生成数字 1、2、3
# 用户输入 1 个数
n = input("请输入 1 个数(1,2,3):")
n = int(n)
# print(m,n)
# 判断用户出拳含义
if n == 1:
    print("用户出的是剪刀")
elif n == 2:
    print("用户出的是石头")
elif n == 3:
    print("用户出的是布")
# 判断计算机出拳含义
if m == 1:
    print("计算机出的是剪刀")
elif m == 2:
    print("计算机出的是石头")
elif m == 3:
    print("计算机出的是布")
# 用户与计算机出拳结果的比较
if m == n:
    print("打平")
elif (m == 1 and n == 3) or(m == 2 and n == 1) or (m == 3 and n == 2) :
    print("计算机赢")# 计算机赢
elif (m == 2 and n == 3) or(m == 3 and n == 1) or (m == 1 and n == 2) :
    print("用户赢")    # 用户赢
```

程序的执行过程为,首先让计算机随机生成 1 个数,然后用户输入 1 个数。根据用户输入的数字,打印输出不同的提示:剪刀、石头或布。根据计算机输入的数字,打印输出不同的提示:剪刀、石头或布。最后比较两个数,得出胜负结果。

第 1 次运行,输出的结果如下:

```
请输入 1 个数(1,2,3):1
用户出的是剪刀
计算机出的是剪刀
打平
```

再次运行,输出的结果如下:

```
请输入 1 个数(1,2,3):3
用户出的是布
计算机出的是剪刀
计算机赢
```

4.3.4　选择结构的嵌套

选择结构的嵌套是指在选择结构（如 if-else 语句）内部再使用选择结构，形成多层嵌套。这种嵌套结构在编程中非常常见，它允许程序根据多个条件执行不同的代码块。使用嵌套结构时要注意避免过度嵌套，这可能会导致代码难以阅读和维护。语法形式如下：

```
if 条件 1:
    if 条件 2:
        代码块 1    #当条件 1 为真且条件 2 为真时,运行此代码块
    else:
        代码块 2    #当条件 1 为真且条件 2 为假时,运行此代码块
else:
    代码块 3    #当条件 1 为假时,运行此代码块
```

当条件 1 为真时，执行里面的 if-else 语句。里面的 if-else 语句根据条件 2 的值是否为真决定执行哪个代码块，如果为真，则执行代码块 1，如果为假，则执行代码块 2。如果条件 1 为假，则执行代码块 3。选择结构里面可能包含多个选择结构。

选择结构的嵌套在现实生活中有很多应用，下面是一个简单的示例，演示了如何使用嵌套的选择结构来模拟这种情况。

【示例 4-9】　在超市购物时，可能会遇到一些打折或优惠活动。假设超市正在进行以下两种优惠活动：

（1）如果购物总金额超过 100 元，则可以享受 10% 的折扣。

（2）如果购物总金额超过 200 元，则可以享受 20% 的折扣。

现在，将使用 Python 代码来模拟这个场景，其中嵌套的选择结构用于确定应用哪种优惠活动，代码如下：

```
#第 4 章 4.8 模拟超市购物,不同优惠折扣不同
amount = input("请输入购物总金额:")
amount = int(amount)

if amount > 100:
    #如果购物总金额超过 100 元,则选择第 1 种优惠活动
    if amount > 200:
        #如果购物总金额超过 200 元,则选择第 2 种优惠活动
        discount = 0.2
    else:
        #如果购物总金额不超过 200 元,则选择第 1 种优惠活动
        discount = 0.1
else:
    #如果购物总金额不超过 100 元,则不享受任何优惠活动
    discount = 0

total_amount = amount - amount * discount
print(f"购物总金额为{amount},优惠后的购物总金额为{total_amount}")
```

运行结果如下：

```
请输入购物总金额:300
购物总金额为 300,优惠后的购物总金额为 240.0
```

在这个示例中，我们使用了嵌套的选择结构来模拟超市的优惠活动。外部的选择结构用于确定是否应用折扣，而内部的另一个选择结构则用于确定具体的折扣率。这种结构在现实生活中很常见，可以帮助我们根据不同的情况做出业务决策。

4.3.5　三元运算符

三元运算符是一种简洁的条件表达式，用于在一个表达式中根据条件选择两个可能的结果之一，语法格式如下：

```
result_if_true if condition else result_if_false
```

【示例 4-10】　假设我们有一个变量 x，我们想根据 x 的值判断输出的结果是"偶数"还是"奇数"。可以使用三元运算符实现，代码如下：

```
x = 5
result = "Even" if x % 2 == 0 else "Odd"    #其中 Even 表示偶数,Odd 表示奇数
print(result)    #输出 Odd
```

在这个例子中，首先判断 x 是否为偶数，如果是偶数，则将"Even"赋值给 result；如果不是偶数，则将"Odd"赋值给 result。最后，我们打印 result 的值，结果为"Odd"。

三元运算符可以使代码更简洁，特别是在需要根据条件选择不同结果的情况下。三元运算符常见的应用场景包括条件赋值、简化 if-else 语句、列表推导式和字典赋值等，但是，过度使用三元运算符可能会导致代码难以理解，因此在使用时需要谨慎考虑可读性。

4.4　循环结构

9min

如果想打印一万行"I Love Python"语句，则该如何实现？

循环结构是编程中常用的一种结构，用于重复执行某段代码，以实现迭代和循环逻辑。在 Python 中，常用的循环结构有 for 循环和 while 循环。在循环中，可以根据关键字 continue 和 break 来控制循环的进程。

4.4.1　for 循环

在 Python 中，for 循环是一种用于迭代遍历序列或可迭代对象的控制结构。它可以用来重复执行一段代码块，直到序列中的所有元素都被遍历完。

for 循环的基本语法如下：

```
for 变量 in 序列：
    #要执行的代码块
```

在 Python 语言中，for 循环与 range()函数常常一起使用。range()函数可以自动生成一个整数序列，然后 for 循环可以遍历这个序列中的每个元素。

range 函数的语法结构如下：

```
range(start, stop[, step])
```

（1）start：序列的开始值，如果不提供，则默认从 0 开始。

（2）stop：序列的结束值，也是最后一个被返回的值。值得注意的是，range()函数实际上只到这个结束值的前一个值，也就是说它不包含结束值。例如，range(5)会生成 0，1，2，3，4 这 5 个整数，而不是 1～5。

（3）step：步长，序列中每个数字之间的差值。如果不提供，则默认为 1。

【示例 4-11】　输出 0～4 的整数值，代码如下：

```
for i in range(5):
    print(i)
#输出的结果如下
0
1
2
3
4
```

在这个例子中，range(5)生成了一个从 0 到 4 的数字序列，每次循环时变量 i 都会被赋值为序列中的当前元素。

【示例 4-12】　输出 1～5 的整数值，代码如下：

```
for i in range(1, 6):
    print(i)
```

在这个例子中，range(1,6)生成了一个从 1 到 5 的整数序列。

【示例 4-13】　根据步长输出不同的整数值，代码如下：

```
for i in range(1, 7, 2):
    print(i)
```

输出的结果为 1、3、5。

【示例 4-14】　range()函数根据步长输出不同的整数值，步长还可以是负数，代码如下：

```
for i in range(10, 0, -2):
    print(i)
```

在这个例子中，range(10,0,-2)生成了一个从 10 开始，到 0 结束，步长为-2 的整数序列，因此，它将打印出：10,8,6,4,2。

需要注意的是，for 循环并不直接修改序列本身，如果需要修改序列的内容，则可以在循环内部使用索引进行操作。

总体来讲,for 循环是 Python 中非常常用的一种循环结构,可以方便地遍历序列和迭代对象。它的语法简洁明了,代码易读易写,非常适合处理各种迭代问题。

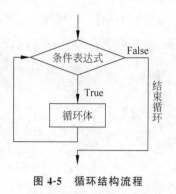

4.4.2　while 循环

while 循环则是在满足一定条件时重复执行代码块,直到条件不再满足为止,如图 4-5 所示。

图 4-5　循环结构流程

语法形式如下:

```
♯初始化变量
while 条件:
    ♯循环体代码
```

while 循环是一种条件控制循环结构,它的基本原理是在循环开始前先判断一个条件,如果条件为真,则执行循环体中的代码;如果条件为假,则跳过循环体,直接执行循环后面的代码。循环体执行完毕后,再次判断条件,如果仍为真,则再次执行循环体,如此循环,直到条件为假时才停止循环,其中,表达式是循环的条件,循环体是需要重复执行的语句。

在 while 循环中,需要特别注意避免无限循环的情况,即条件始终为真,导致循环无法停止。为了避免这种情况,需要在循环体内加入适当的跳出条件或改变循环变量的值,使在某个时刻条件变为假,从而结束循环。

【示例 4-15】　实现打印从 1 到 3 的数字,代码如下:

```
num = 1                    ♯第1行 循环变量初始化
while num <= 3:            ♯第2行 条件的判断,如果为假,则执行 while 里面的语句
    print(num)            ♯第3行 输出变量的值
    num = num + 1         ♯第4行 变量的值加1

♯输出的结果如下
1
2
3
```

程序中循环体的执行次数共为 3 次:

第 1 次,变量 num 的值为 1,条件为真,输出 num 的值为 1,num 的值加 1 变为 2。
第 2 次,变量 num 的值为 2,条件为真,输出 num 的值为 2,num 的值加 1 变为 3。
第 3 次,变量 num 的值为 3,条件为真,输出 num 的值为 3,num 的值加 1 变为 4。
第 4 次时,由于 num 的值为 4,条件为假,退出循环。

在这个例子中,while 循环会持续进行。在每次循环中,在输出当前 num 变量的值后,增加 num 的值。num 的值会在每次循环中递增,直到 num 的值超过 3,当条件为假时,退出循环。循环体经过 3 次循环,程序结束。

【示例 4-16】　使用 while 循环计算并打印 1~100 的和，代码如下：

```
#第 4 章 4.9 计算 1~100 的和
i = 1
s = 0
while i < 101:
    #print(i)
    s = s + i
    i = i + 1
print(f"从 1 累加到 100 的和为{s}")

#输出的结果如下
从 1 累加到 100 的和为 5050
```

在 Python 中，for 循环和 while 循环都是常用的控制流语句，用于控制代码的执行流程。它们都可以用于实现循环操作，让代码块重复执行，所以可以互相替换，但 for 循环需要指定要遍历的对象和每次迭代的变量，而 while 循环需要指定一个条件，只要条件满足就继续执行循环体。另外，for 循环通常会执行指定的固定次数，而 while 循环则会一直执行，直到条件不再满足为止。

4.4.3　嵌套循环

在 Python 中，可以将一个循环结构嵌套在另一个循环结构中，以实现更复杂的逻辑。嵌套循环的语法形式与普通循环类似，只需在外层循环和内层循环的循环体中分别添加对应的代码。

【示例 4-17】　打印多行变量的值，代码如下：

```
for i in range(1,3):
    for j in range(6,8):
        print("i = ",i, "j = ",j)

#输出的结果如下
i = 1 j = 6
i = 1 j = 7
i = 2 j = 6
i = 2 j = 7
```

从示例 4-17 中可以看出，在嵌套循环中，外边的循环次数由变量 i 控制，变化范围为 1 和 2。外边的循环每循环 1 次，里面的循环从开始到结束，每次变量 j 的值的变化范围为 6 和 7。代码中的两个嵌套 for 循环分别遍历变量 i 和变量 j 的指定范围，并打印出它们的值，所以循环的总次数为外面的循环次数乘以里面的循环次数，一共为 4 次。

【示例 4-18】　使用嵌套循环打印一个九九乘法表，代码如下：

```
for i in range(1,10):
    for j in range(1,i + 1):
```

```
    print("%d * %d = %d"%( j, i, i * j), end = "\t")
print()
```

输出的结果如图 4-6 所示。

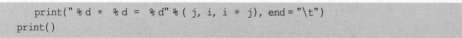

```
1 * 1 = 1
1 * 2 = 2   2 * 2 = 4
1 * 3 = 3   2 * 3 = 6   3 * 3 = 9
1 * 4 = 4   2 * 4 = 8   3 * 4 = 12   4 * 4 = 16
1 * 5 = 5   2 * 5 = 10  3 * 5 = 15   4 * 5 = 20   5 * 5 = 25
1 * 6 = 6   2 * 6 = 12  3 * 6 = 18   4 * 6 = 24   5 * 6 = 30   6 * 6 = 36
1 * 7 = 7   2 * 7 = 14  3 * 7 = 21   4 * 7 = 28   5 * 7 = 35   6 * 7 = 42   7 * 7 = 49
1 * 8 = 8   2 * 8 = 16  3 * 8 = 24   4 * 8 = 32   5 * 8 = 40   6 * 8 = 48   7 * 8 = 56   8 * 8 = 64
1 * 9 = 9   2 * 9 = 18  3 * 9 = 27   4 * 9 = 36   5 * 9 = 45   6 * 9 = 54   7 * 9 = 63   8 * 9 = 72   9 * 9 = 81
```

图 4-6 九九乘法表

在这个示例中,外层循环控制每行的乘法式子,内层循环控制每行中的具体数值。通过嵌套循环,可以依次打印出九九乘法表的每行。

【示例 4-19】 若 x、y、z 为非负整数,29x+30y+31z=365,打印出满足条件的各种可能情况,代码如下:

```
#第 4 章 4.10 计算 29x + 30y + 31z = 365 中不同的整数可能
i = 0
while i < 13:
    j = 0
    while j < 13:
        k = 0
        while k < 13:
            if (29 * i + 30 * j + 31 * k) == 365:
                print("符合条件的有",i, j, k)
            k += 1
        j += 1
    i += 1

#输出的结果如下
符合条件的有 0 7 5
符合条件的有 1 5 6
符合条件的有 2 3 7
符合条件的有 3 1 8
```

这段代码是一个嵌套的循环结构,用于寻找满足特定数学条件的 3 个整数(i, j, k)。

(1) i、j 和 k 都是从 0 开始的非负整数。

(2) 外部的 while $i < 13$:从 0 到 12 循环会遍历 i 的值。

(3) 中间的 while $j < 13$:从 0 到 12 循环会遍历 j 的值。

(4) 最内部的 while $k < 13$:从 0 到 12 循环会遍历 k 的值。

在所有这些循环的内部,有一个 if 语句检查条件($29 * i + 30 * j + 31 * k$)==365 是否成立。

如果这个条件成立,则打印出当前的 i、j 和 k 值。

4.4.4　break 和 continue 的用法

在实际的业务中,有时循环不会从开始一直执行到结束。例如查询内容,如果找到了对应的内容,则会在查找成功后中止循环。Python 提供了两个关键字 break 和 continue,用于在循环中控制代码的执行流程。

break 关键字用于立即终止当前循环,跳出循环体。当遇到 break 时,循环会立即结束,不再执行循环体后面的代码,程序会跳转到循环外面继续执行。

【示例 4-20】　如果碰到 7 的倍数,则退出当前循环,代码如下:

```
♯第 4 章 4.11 如果碰到 7 的倍数,则退出 while 循环
i = 1
while i < 100:
    if i % 7 == 0:
        break
    print(i)
    i = i + 1
```

输出结果为 1、2、3、4、5 和 6。

continue 语句用于跳过当前循环中剩余的代码,并立即回到循环的顶部,继续执行下一次循环。continue 语句只能用在循环(for 或 while)内部。

【示例 4-21】　可以使用 continue 语句来跳过偶数,只对奇数进行求和,代码如下:

```
♯第 4 章 4.12 对 1～100 的奇数进行求和
sum = 0
for i in range(1, 101, 2):
    if i % 2 == 0:
        continue
    sum += i
print("奇数之和为:", sum)
```

在这个例子中,使用 range 函数生成从 1 到 100 的偶数序列,然后使用 continue 语句跳过偶数,只对奇数进行求和。最后,打印输出奇数之和。

【示例 4-22】　模拟吃苹果的过程(break 和 continue 用法的区别),使用 break 关键字的方法,代码如下:

```
♯第 4 章 4.13 模拟吃苹果的过程,break 的用法
♯有 5 个苹果
♯(1) 吃了 3 个苹果之后,吃饱了。后续的苹果不吃了
for i in range(1, 6):
    if i == 4:
        print('吃饱了,不吃了')
        break    ♯终止循环的执行
    print(f'正在吃标号为 {i} 的苹果')
```

```
♯输出的结果如下
正在吃标号为 1 的苹果
正在吃标号为 2 的苹果
正在吃标号为 3 的苹果
吃饱了，不吃了
```

【示例 4-23】　模拟吃苹果的过程（break 和 continue 用法的区别），使用 continue 关键字的用法，代码如下：

```
♯第 4 章 4.14 模拟吃苹果的过程,continue 的用法
♯(2) 吃了 3 个苹果之后,在吃第 4 个苹果时发现一条虫子,这个苹果不吃了,还要吃剩下的苹果
for i in range(1, 6):
    if i == 4:
        print('发现一条虫子,这个苹果不吃了, 没吃饱,继续吃剩下的')
        continue    ♯会结束本次循环,继续下一次循环

    print(f'吃了编号为{i}的苹果')

♯输出的结果如下
吃了编号为 1 的苹果
吃了编号为 2 的苹果
吃了编号为 3 的苹果
发现一条虫子,这个苹果不吃了, 没吃饱,继续吃剩下的
吃了编号为 5 的苹果
```

通过 break 和 continue 关键字，可以在循环中灵活控制代码的执行流程，以满足不同的需求。

4.4.5　循环中的 else 子句

for 或 while 循环都可以包括 else 子句。在 for 循环中，else 子句会在每次循环成功结束后执行。在 while 循环中，它会在循环条件变为假值后执行。无论哪种循环，如果因为 break 而结束，则 else 子句就不会被执行。

【示例 4-24】　素数也叫质数，指大于 1 的自然数中，除了 1 和它本身外不再有其他因数的自然数。判断 10 以内的每个数是否是素数，并输出结果，代码如下：

```
♯第 4 章 4.15 判断 10 以内的素数
for n in range(2, 10):
    for x in range(2, n):
        if n % x == 0:
            print(n, '=', x, '*', n//x)
            break
    else:
        print(n, '是一个素数')

♯输出的结果如下
```

```
2 是一个素数
3 是一个素数
4 = 2 * 2
5 是一个素数
6 = 2 * 3
7 是一个素数
8 = 2 * 4
9 = 3 * 3
```

4.5　程序的调试

程序调试是软件在开发过程中必不可少的一个环节，它的主要作用是发现和纠正程序中的错误，确保程序能够正常运行。程序调试的目的是理解程序的行为，发现问题并找出问题所在，提供了发现和查找程序中缺陷的方式。它可以帮助开发人员诊断和解决程序中的问题，提高程序的可靠性和稳定性，确保程序能够满足用户的业务需求。

在 PyCharm 中进行程序调试的步骤如下。

（1）设置断点：在要调试的代码行的左侧单击会出现一个红点，表示在这里设置了断点，如图 4-7 所示。

进入调试模式：在代码运行之前，需要先进入调试模式。在 PyCharm 中，可以通过单击工具栏上的 Run 按钮，然后选择 Debug 选项进入调试模式。或者选择程序主窗口右击并选择 Debug 'main'调试菜单实现调试功能，如图 4-8 所示。

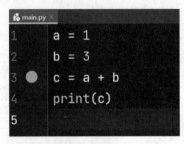

图 4-7　设置断点

图 4-8　调试程序

（2）启动调试：在调试模式下，可以单击工具栏上的 Debug 按钮来启动调试。此时，程序将在第 1 个断点处停止执行，如图 4-9 所示。

（3）监视变量：在调试模式下，可以使用 Debug 窗口来监视当前变量和它们的值。在主窗口的右侧，可以查看当前活动代码块中的所有变量及其值的变化，如图 4-10 所示。

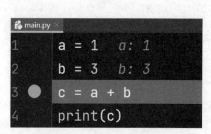

图 4-9　调试中止位置

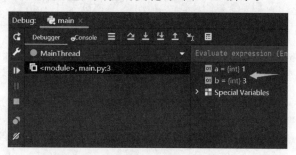

图 4-10　观察调试中变量值的变化

（4）单步执行：在调试模式下，可以使用 Step Over 按钮来单步执行代码。每次单击 Step Over 按钮时，程序将执行当前行并移动到下一行。

（5）逐过程执行：在调试模式下，可以使用 Step Into 按钮（快捷键 F7）来逐过程执行代码。每次单击 Step Into 按钮（快捷键 Shift＋F8）时，程序将进入当前函数并停止在下一行。

（6）中断执行：在调试模式下，可以使用 Stop 按钮来中断程序的执行。单击 Stop 按钮后，程序将停止执行并返回代码编辑器中。

（7）查看堆栈跟踪：在调试模式下，可以使用 Stack 窗口来查看堆栈跟踪。在窗口中，可以查看当前活动代码块中的所有函数调用和它们的参数。

在实际的开发过程中，可以通过程序的调试逐步观察每行代码的运行，追踪变量在执行过程中的变化情况，这是每个程序员应熟练和灵活地掌握使用的技巧之一。

4.6　综合案例

在实际开发中，要分析业务中的流程，逐步细化，通过程序解决问题。

【综合案例 4-1】　检查一个正整数是否为素数。素数又称质数，是指在大于 1 的自然数中，除了 1 和它本身以外，不能被其他自然数整除的数，代码如下：

```
♯第 4 章 4.16
i = input("请输入一个大于 1 的正整数:")
i = int(i)
m = 2
while m < i:
    if i % m == 0:
            break
    m = m + 1
print(m,i)
```

```
    if m == i:
        print(f"{i}是一个素数")
    else:
        print(f"{i}不是一个素数")
```

【综合案例 4-2】 判断两个数的最小公倍数,代码如下:

```
# 第 4 章 4.17
# 第 1 步,先输入两个数
m = input("请输入一个数:")
m = int(m)
n = input("请输入另一个数:")
n = int(n)
# 第 2 步,判断这两个数的大小,取最大值
c = n
if m > n:
    c = m
# 第 3 步,通过 while 得到最小公倍数
while c <= m * n:
    if c % m == 0 and c % n == 0:
        print(f"最小公倍数为:{c}")
        break
    c = c + 1
```

【综合案例 4-3】 编写一个 for 循环的电信业务程序,要求统计用户一周内的通话时长和发送短信条数,并按照一定的规则计算出费用,代码如下:

```
# 第 4 章 4.18
call_time = 0 # 通话时长
sms_count = 0 # 短信条数
for i in range(1,8):    # 循环得到一周中,每天的通话时长和发送短信条数
    print(f"请输入第{i}天的通话时长:")
    time = input()
    time = int(time)
    call_time += time
    print(f"请输入第{i}天发送的短信条数:")
    count = input()
    count = int(count)
    sms_count += count
total_fee = sms_count * 0.2 + call_time * 0.1
if total_fee > 50:
    total_fee = total_fee * 0.8
print(f"本周的总费用为{total_fee}")
print(f"本周的通话时长为{call_time}")
print(f"本周发送的短信条数为{sms_count}")
```

在这个程序中,使用了 for 循环来遍历一周内的每天。循环中,程序会提示用户输入该天的通话时长和发送的短信条数,并累加到对应的变量中。最后,根据一定的计费规则,计算出本周的费用,并输出统计结果。需要注意的是,在计算费用时,设置了一个优惠规则:如果费用超过 50 元,则打 8 折。这可以通过 if 语句实现。当然,在实际业务中

可能需要更复杂的 for 循环和计费规则,需要根据具体情况进行编写,但基本思路是一样的。

【综合案例 4-4】　"鸡兔同笼"问题是一个经典的数学问题,最早出现在中国古代的《孙子算经》中。一个笼子里有一些鸡和兔子,可以看到它们的头和脚,但是不知它们的具体数量。现在,要根据头的数量和脚的数量,计算出鸡和兔子的数量。

例如今有鸡、兔共居一笼,已知鸡头和兔头共 n 个,鸡脚与兔脚共 m 只。问鸡、兔各有多少只?

假设鸡的数量为 x,兔的数量为 y。根据题目,可以建立以下方程:

鸡头和兔头共 10 个,即 $x+y=n(n=10)$;

鸡脚与兔脚共 32 只,即 $2x+4y=m(m=32)$。

现在我们要解这个方程组,求出 x 和 y 的值。

可以使用循环穷举法遍历可能的鸡的数量 x,通过计算得到相应的兔的数量 y,并判断是否满足方程 $2x+4y=m$。如果满足条件,则返回鸡和兔的具体数量,代码如下:

```
#第 4 章 4.19
n = 10 #鸡头和兔头总数
m = 32 #鸡脚与兔脚总数
for x in range(n+1):
    y = n - x
    if 2*x + 4*y == m:
        print(f"鸡的数量为{x},兔的数量为{y}")


#输出的结果如下
鸡的数量为 4,兔的数量为 6
```

【综合案例 4-5】　以下是一个简单的 Python 小程序,生成一个 1～100 的随机数,然后让用户猜测该数字。程序会根据用户猜测的数字给出相应的提示,直到用户猜中为止,代码如下:

```
#第 4 章 4.20
import random
number = random.randint(1, 100)
guess = 0
count = 0
print("猜猜看我心里想的数字是多少?(1～100)")
while guess != number:
    count += 1
    guess = int(input("请输入你猜的数字:"))
    if guess > number:
        print("太大了!再试试。")
    elif guess < number:
        print("太小了!再试试。")
    else:
        print("恭喜你,你猜对了!你猜了%d次。" % count)
```

在这个例子中，while 循环会继续运行，直到用户猜测的数字与目标数字相同。在每次循环中，用户需要输入他猜测的数字，并根据猜测的数字输出相应的提示。

4.7 实训作业

（1）编写一个程序，输入一个年份，判断是否为闰年。闰年的条件是能被 4 整除但不能被 100 整除，或者能被 400 整除。

（2）身体质量指数（BMI）又称为体重指数、体质指数，该指标是通过体重（kg）除以身高（m）的平方计算得来。输入一个人的身高（cm）与体重（kg），求他的 BMI 值，并根据 BMI 值给出对应的类别。

① 当 BMI<18.5：偏瘦；

② 18.5≤BMI<24：正常；

③ 24≤BMI<28：偏肥；

④ BMI≥28：肥胖。

利用多分支选择结构实现体重类别的计算。

（3）使用多分支语句编写一个程序，根据用户输入的年份和月份，判断该月份有多少天。

（4）将 10 万元存入银行，选择三年定期自动转存的存款方式，年利率为 3.75%，问：要使总存款达到 20 万元，至少需要存款多少年？

（5）使用循环语句编写一个程序，计算并输出 1～100 能被 3 整除或能被 5 整除的所有数之和。

第 5 章

CHAPTER 5

函数和模块

3min

　　程序的函数是指将相关的代码块组织在一起,形成一个独立的、可重复使用的代码段。这个代码段可以被其他程序调用,以实现特定的功能或操作。

　　在编程语言中,函数通常被定义为一个具有特定名称和参数列表的代码块,并在需要时调用。函数可以接收输入参数,并返回一个结果。通过函数,可以将复杂的程序逻辑分解为更小的、易于管理的代码块,提高代码的可读性和可维护性。同时,函数也可以提高代码的复用性,避免重复编写相同的代码。

　　函数有许多好处,主要包括以下几点。

　　(1) 提高代码的可读性和可维护性:函数能将大块的代码划分为小块,每个函数只负责完成一个特定的任务,使代码更加清晰、易于理解和修改。

　　(2) 避免重复代码和提高复用性:如果有一段功能需要在多个地方使用,则只需在函数中实现一次,就可以在需要的地方调用该函数。这样能减少代码的重复性,提高代码的复用性。

　　(3) 便于修改和维护:通过将代码划分为多个函数,可以方便地对某一部分代码进行修改或扩展,而不会影响到整个程序。同时,由于函数具有独立性,可以单独测试和调试,进一步提高了代码的可维护性。

　　(4) 实现代码模块化:通过将代码分解为多个函数,可以使代码更加模块化,各个模块之间的耦合度降低,有利于代码的管理和维护。高内聚、低耦合。

　　(5) 有利于社会分工:大型项目可以进行分解,每个人只编写属于自己的函数,编写好的函数也可以被其他程序员使用,从而提高了工作效率。

　　因此,使用 Python 函数可以使代码更加清晰、易于理解、可维护、可重用,并且有利于代码的管理、维护和社会分工。

　　在 Python 语言中,已经内置了许多系统自带的函数,如输出函数 print()、输入函数 input()等,只是在使用时调用它们,不用关心具体的实现细节。也可以定义自己的函数以实现具体的业务功能。

5.1 函数的定义

定义函数使用关键字 def，后跟函数名与括号内的形参列表。函数语句从下一行开始，并且必须缩进。

Python 函数的基本格式如下：

```
def 函数名称( 参数 1，参数 2，…… )：
    """文档字符串"""
    函数体
    return 值
```

其中，

（1）def 是 Python 的关键字，用于定义函数。这一行的最后以英文冒号（:）结束。

（2）函数名称，用户自己定义的名称，这个名字最好能够体现函数的功能。

（3）（参数 1，参数 2，……），函数的参数，可以定义一个或多个参数。参数是可选的。

（4）"""文档字符串"""，函数的文档字符串（docstring），它是可选的，用于描述函数的作用和用法。另外也可以自动生成函数的说明文档。

（5）函数体，包含了实现函数功能的 Python 代码。它们相对于函数的名称要缩进 4 个英文字符。

（6）函数的返回值。这是可选的。如果函数执行完毕后不需要返回任何值，则可以省略这一行。

函数作为一个语句块，不会直接自动执行，只能通过函数的名称调用里面的语句块，有参数的函数要传入对应的参数值。

5.2 函数的实现

实现基本的函数，代码如下：

```
def show():                         ♯第 1 行
    print("这是一个简单的函数例子")  ♯第 2 行

show()                              ♯第 4 行
```

这段代码定义并调用了一个名为 show 的函数，该函数的功能是打印出"这是一个简单的函数例子"。

上述代码的含义如下。

（1）def show()这一行定义了一个名为 show 的函数。def 是 Python 中用于定义函数的关键字。

（2）print("这是一个简单的函数例子")这一行是 show 函数的内容。当这个函数被调

用时,它会执行这一行代码并输出"这是一个简单的函数例子"。

(3) show()这一行调用了上面定义的 show 函数。当运行这段代码时,它会输出"这是一个简单的函数例子"。

函数的执行过程如下:

第 1 步,执行第 4 行,通过函数的名称来调用第 1 行的函数。

第 2 步,执行第 1 行,在第 1 行中,如果有参数,则接收传过来的参数的值。

第 3 步,调用第 2 行,执行函数里面的内容。在屏幕上输出:这是一个简单的函数例子。

【示例 5-1】 函数在主程序中可以被多次调用,代码如下:

```
#第5章 5.1 函数的调用
def say_hello():
    '''
    函数的功能为输出两行 hello
    '''
    for i in range(1,3):
        print("hello")

print("start")
say_hello()
print("…")
say_hello()
print("end")

#输出的结果如下
start
hello
hello
…
hello
hello
end
```

这段代码首先定义了一个名为 say_hello 的函数,该函数的功能是打印两行 hello,因此,主程序首先输出字符串 start,然后调用函数输出两行 hello。输出字符串"…",再次调用函数输出两行 hello。最后,输出字符串 end。

也可以定义带有参数的函数,在进行调用时,要注意调用的函数中要有对应的变量或值。

【示例 5-2】 输入书本的数量和价格作为参数,通过函数的调用得到总的钱数,代码如下:

```
#第5章 5.2 输入书本的数量和价格,计算总钱数
def calculate_total_price(num_books, price_per_book):        #第1行
    """
    计算总钱数
    """
```

```
    total_price = num_books * price_per_book          #第5行
    print(f"书的数量为{num_books}本,每本书的价格为{price_per_book}元,"
    "总钱数为{total_price}元。")                        #第7行

nums = int(input("请输入书的数量(单位本):"))            #第9行
price = float(input("请输入每本书的价格(单位元):"))     #第10行
calculate_total_price(nums,price)                        #第11行

#输出的结果如下
请输入书的数量(单位本):100
请输入每本书的价格(单位元):59.5
书的数量为100本,每本书的价格为59.5元,总钱数为5950.0元。
```

程序的执行顺序如下：

第1步，执行第9行，得到书的数量，赋值给变量 nums。

第2步，执行第10行，得到书的价格，赋值给变量 price。

第3步，执行第11行，在第11行通过名称调用第1行的 calculate_total_price()函数。

第4步，执行第1行，其中，第11行的 nums 的值传递给参数 num_books，price 的值传递给参数 price_per_book。

第5步，执行函数体中的语句，包括第5行到第7行。通过函数计算总价，即书本数量乘以每本书的价格，并返回结果。在这个示例中，我们假设每本书的价格为59.5元，购买了100本书，因此总价为5950.0元。

【示例 5-3】 对任意两个整数求和并返回结果，实现了带有参数并且有返回值的函数调用，代码如下：

```
#第5章 5.3 对任意两个整数求和并返回结果
def add_numbers(num1, num2):                        #第1行
    """
    对两个整数求和,并返回结果
    """
    sum_of_numbers = num1 + num2                    #第5行
    return sum_of_numbers                            #第6行

m = int(input("请输入一个整数:"))                    #第8行
n = int(input("请输入一个整数:"))                    #第9行
#调用函数并打印结果
result = add_numbers(m, n)                          #第11行
print(result)

#输出的结果如下
请输入一个整数:3
请输入一个整数:4
7
```

它的执行顺序如图 5-1 所示。

第1步，执行第8行和第9行，程序代码实现提示用户输入数字，并分别赋值给变量 m

和 n。

第 2 步，执行第 11 行，调用第 1 行的 add_numbers()函数，分别将变量 m 的值传给参数 num1，将变量 n 的值传给参数 num2。

第 3 步，执行第 1~6 行，运行 add_numbers()函数，在函数内部，将这两个参数的值相加，并将结果赋值给变量 sum_of_numbers，并返回这个结果。

第 4 步，当 add_numbers()函数执行完成后，将变量 sum_of_numbers 的值赋值给变量 result。

第 5 步，打印输出 result 的值。

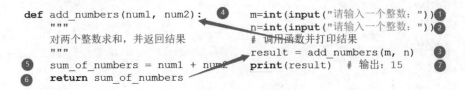

图 5-1　函数调用的执行顺序

例如，如果用户输入的数字分别是 3 和 4，程序则会输出 7。这意味着程序将用户输入的两个数字相加，得到结果 7，然后通过 add_numbers 函数返回这个结果。主程序变量 result 接收了函数关键字 return 后变量 sum_of_numbers 返回的值。

【示例 5-4】　使用有返回值的函数，对房屋租赁行业中仓储成本进行计算，代码如下：

```
#第 5 章 5.4 计算仓储成本
def calculate_storage_cost(area, rent):
    '''
    根据仓库面积和租金计算存储成本
    '''
    cost = area * rent
    return cost

area = 500          #仓库面积(平方米)
rent = 10           #租金(元/平方米/月)
result = calculate_storage_cost(area, rent)
print(result)       #输出存储成本(元/月)

#输出的结果如下
5000
```

在上述程序中，已知仓库面积和租金，通过调用函数，就可以计算出仓储成本。

在实际业务中，不同区域的仓库面积和租金成本可能不一样，需要进行处理和计算。可以将计算仓储成本的逻辑封装在一个函数中，并在需要的地方调用它以获取结果。

斐波那契数列(Fibonacci Sequence)，又称黄金分割数列，因意大利数学家莱昂纳多·斐波那契(Leonardo Fibonacci)以兔子繁殖为例子而引入，故又称"兔子数列"，其数值第 1 项和第 2 项的值为 0 和 1，第 3 项的值为前两项之和。数列的值依次为 0、1、1、2、3、5、8、13、

21、34…。

【示例 5-5】 函数名为 fib，接收一个参数 n，然后打印出 Fibonacci 数列中小于 n 的所有数，代码如下：

```
#第5章 5.5 斐波那契数列的输出
def fib(n):
    """打印到n的斐波那契数列"""
    a, b = 0, 1
    while a < n:
        print(a, end = ' ')
        a, b = b, a + b
    print()

fib(100)

#输出的结果如下
0 1 1 2 3 5 8 13 21 34 55 89
```

在函数内部，首先定义了两个变量 a 和 b，分别初始化为 0 和 1。这两个变量用于存储 Fibonacci 数列中的连续两个数字，然后有一个 while 循环，条件是 a 小于 n。在循环体内，首先打印出 a 的值，然后更新 a 和 b 的值。a 的新值是 b，而 b 的新值是 a 和 b 的和。这样，每次循环迭代都会打印出 Fibonacci 数列中的下一个数字。当循环结束时会打印一个换行符，这样如果调用 fib(100)，则将会在控制台上打印出 Fibonacci 数列中所有小于 100 的数字，每个数字一行。

【示例 5-6】 在医院的住院过程中，治疗方式可能有手术或吃药。在计算费用时会考虑住院天数和是否有保险，在下面的示例中模拟了在医院通过调用函数来计算医疗费用，代码如下：

```
#第5章 5.6 模拟医院通过调用函数来计算医疗费用
def calculate_medical_cost(treatment, days, is_insured):
    """
计算一个病人的医疗费用
Treatment: 治疗方式; days: 住院天数; is_insured: 是否有保险
    """
    #根据治疗方式、住院天数和是否有保险计算医疗费用
    if treatment == "surgery":          #外科手术
        cost = 1000
    elif treatment == "medicine":        #吃药
        cost = 500
    else:
        cost = 300
    if days > 7:
        cost += days * 110 + (days - 7) * 100
    else:
        cost += days * 110
    if is_insured:
```

```
        cost * = 0.8
    return cost

treatment = "surgery"                # 治疗方式
days = 8                             # 住院天数
is_insured = True                    # 是否有保险
result = calculate_medical_cost(treatment, days, is_insured)
print(f"治疗的总费用为{result}元")    # 输出医疗费用(元)

# 输出的结果如下
治疗的总费用为 1584.0 元
```

在上面的示例中,首先传递 3 个参数,然后通过判断这 3 个参数的类型来计算出住院的总费用。实际的住院费用更加复杂,但计算过程是类似的。

【示例 5-7】　通过函数的调用实现求圆的面积,代码如下:

```
# 第5章 5.7 求圆的面积
def calculate_circle_area(radius):
    """
        已知半径,求圆的面积
    """
    pi = 3.14159
    area = pi * radius ** 2
    return area

radius = 5
result = calculate_circle_area(radius)
print(result)    # 输出 78.53975
```

在上面的示例中,传入参数半径,通过调用函数得出圆的面积。

5.3　函数中变量的作用域

3min

在 Python 语言中,函数中的变量有作用域,它们的使用范围不同。函数中的变量可以分为全局变量和局部变量。

全局变量是在函数之外定义的变量,它们可以在整个程序中访问,包括在函数内部。当在函数内部需要使用全局变量时,需要在函数内部使用 global 关键字声明。局部变量是在函数内部定义的变量,它们只能在该函数内部访问。

全局变量常常被用来存储配置参数,这些参数可能在程序的许多地方需要使用。全局变量也可以在不同函数或方法之间共享状态。这在一些需要跨多个函数跟踪状态的情况下很有用,如用户会话、计数器等。

局部变量在函数内部进行临时计算时使用,这些变量只在函数执行期间存在,函数返回后就会被销毁,这样可以避免不必要的内存使用。另外局部变量是实现封装和数据隐藏的重要手段。通过将数据限制在函数内部,只通过函数的接口(输入和输出)与外界交互,可以隐藏实现细节,提高代码的可维护性和安全性。

【**示例 5-8**】 局部变量只能在函数的内部使用,代码如下:

```
#第 5 章 5.8 局部变量的使用
#定义另一个函数,在函数内部定义局部变量 y
def my_function():
    #在函数内部定义局部变量 y
    y = 20
    print(y)


#调用函数 another_function,输出局部变量 y 的值
another_function()     #输出:20
#print(y)              #出错:执行时,报 NameError: name 'y' is not defined 异常
```

在上面的代码中,在函数 my_function 中定义了一个变量 y,这个变量只能在函数的内部使用,当进行函数调用时,在函数内部打印输出 y 的值。如果在函数外部调用,则会出错。

【**示例 5-9**】 全局变量和局部变量的区别,代码如下:

▶ 3min

```
#第 5 章 5.9 全局变量和局部变量的区别
def fun(x):
    global y            #全局变量 y
    print(x,y)          #输出: 100 200
    x = 3
    y = 4
    print(x,y)          #输出: 3 4

x = 100
y = 200
fun(x)                  #将外边变量 x 的值 100 传入函数中
print(x,y)              #输出: 100 4

#输出的结果如下
100 200
3 4
100 4
```

程序执行的顺序如下:

(1)主程序中的变量 x 被赋值为 100,变量 y 被赋值为 200。

(2)当调用函数 fun()时,函数内的局部变量 x 接收主程序变量 x 的值为 100。由于变量 y 是全局变量,与主程序中的 y 是同一个变量,因此第 1 次输出为 100 200。

(3)在函数内部,局部变量 x 的值变为 3,y 的值变为 4,因此第 2 次输出为 3　4。

(4)当函数执行完毕,在执行最后一行程序代码时,由于主程序变量 x 的值为 100,变量 y 是全局变量,函数内部值的修改会影响外部变量的值,所以输出的结果为 100　4。

11min

5.4 函数之间的调用

在 Python 语言中,一个函数可以调用其他函数,函数之间可以通过调用关系相互关联,从而实现代码的模块化和可重用性,如图 5-2 所示。

图 5-2 函数之间的调用

在图 5-2 中,主程序调用 a 函数,a 函数调用 b 函数,b 函数执行完成后,依次按返回顺序执行,最后执行主程序剩下的程序代码。

【示例 5-10】 一个电信业务示例,展示如何在一个函数中调用另一个函数,代码如下:

```python
# 第 5 章 5.10 函数之间的调用
# 定义一个函数,用于计算电话费
def calculate_fee(duration, rate):
    return duration * rate

# 定义一个函数,用于计算套餐费
def calculate_package_fee(package_type, duration):
    if package_type == 'basic':
        return duration * 0.5
    elif package_type == 'VIP':
        return duration * 0.1
    else:
        return duration

# 定义一个函数,用于计算总费用
def calculate_total_fee(phone_number, package_type, duration):
    phone_fee = calculate_fee(duration, 0.1)                     # 计算电话费
    package_fee = calculate_package_fee(package_type, duration)  # 计算套餐费
    total_fee = phone_fee + package_fee                          # 计算总费用
    return total_fee

# 调用 calculate_total_fee 函数
phone_number = '1234567890'                                     # 电话号码
package_type = 'basic'                                          # 套餐类型
duration = 300                                                 # 通话时长为 300min
total_fee = calculate_total_fee(phone_number, package_type, duration)
print("总费用为:", total_fee)

# 输出的结果如下
总费用为: 180.0
```

在这个示例中，定义了 3 个函数：calculate_fee、calculate_package_fee 和 calculate_total_fee。calculate_fee 函数用于计算电话费，它接受通话时长和费率作为参数，并返回通话费用。calculate_package_fee 函数用于计算套餐费，它接受套餐类型和通话时长作为参数，并返回套餐费用。calculate_total_fee 函数用于计算总费用，它接受电话号码、套餐类型和通话时长作为参数，并调用 calculate_fee 和 calculate_package_fee 函数来计算电话费和套餐费，并将它们相加，从而得到总费用。最后，我们调用 calculate_total_fee 函数来计算总费用，并将结果打印出来。

在这个例子中，通过调用不同的函数来计算电话费、套餐费和总费用，从而实现了电信的计费业务。

4min

5.5　默认值参数

为参数指定默认值为非常有用的方式。在调用函数时，有些参数可以使用默认值，而不用传入对应的值。

【示例 5-11】　定义一个函数，传入姓名、年龄和总费用共 3 个参数，并输出相关信息，代码如下：

```
# 第 5 章 5.11 函数中默认值参数的使用
def fun( name,age = 18,cost = 100):
    print(f"姓名为{name},年龄为{age},总费用为{cost}")


fun("Tom")              # 第 1 次调用函数 fun,参数 name 接收值
fun("Jack",23)          # 第 2 次调用函数 fun,参数 name、age 接收值
fun("Mike",17,9999)     # 第 3 次调用函数 fun,参数 name、age、cost 接收值


# 输出的结果如下
姓名为 Tom,年龄为 18,总费用为 100
姓名为 Jack,年龄为 23,总费用为 100
姓名为 Mike,年龄为 17,总费用为 9999
```

在上面的示例中，定义了一个函数 fun，里面有 3 个参数，其中 name 为必选参数，age 和 cost 为可选参数。实现的功能为打印输出这 3 个变量的信息。在第 1 次调用时，只是对 name 变量传入值 Tom。在第 2 次调用时，对变量 name 和 age 进行赋值。第 3 次调用时，则对这 3 个变量进行了传值。

由于变量 age 和变量 cost 已经有了默认值，所以在调用函数 fun 传入参数时，可以忽略这两个参数的调用。变量 name 由于没有默认值，所以必须放在第 1 个位置，并需要传入相应的值。

对于可选择参数，也可以对指定参数进行传值，而忽略其他参数。如执行以下语句：

```
fun("李明",cost = 500)
```

对 name 参数和 cost 参数指定了具体的值,而忽略了其他参数。输出的结果如下:

姓名为李明,年龄为 18,总费用为 500

5.6 接收未知数量的参数

▶ 2min

在 Python 中,使用 * args 和 ** kwargs 来在函数定义中接收任意数量的位置参数和关键字参数。它们适用于参数的个数未知。

(1) * args: * args 是一个用于接收任意数量的位置参数的语法。这些参数会被收集为一个元组,可以在函数内部进行迭代或者直接使用。

【示例 5-12】 以元组形式接收未知数量的参数,代码如下:

```python
#第 5 章 5.12 以元组形式接收未知数量的参数
def print_numbers( * args):
    for num in args:
        print(num,end = " ")

print_numbers(1, 2, 3, 4, 5)

#输出的结果如下
1 2 3 4 5
```

在这个例子中,* args 接收了 5 个参数,以元组的形式保存,并在函数内部通过循环打印出每个参数的值。

(2) ** kwargs: ** kwargs 是一个用于接收任意数量的关键字参数的语法。这些参数会被收集为一个字典,可以在函数内部通过键访问。

【示例 5-13】 以字典形式接收未知数量的参数,代码如下:

```python
#第 5 章 5.13 以字典形式接收未知数量的参数
def print_words( ** kwargs):
    for key, value in kwargs.items():
        print(f"{key}: {value}")

print_words(apple = "red", banana = "yellow", cherry = "red")

#输出的结果如下
apple: red
banana: yellow
cherry: red
```

在这个例子中,通过调用 print_words 函数传递了 3 个关键字参数(apple = "red",banana = "yellow", cherry = "red"),其中参数 ** kwargs 接收了这 3 个键-值对,并以字典的形式保存。在函数的内部通过循环打印输出每个键-值对。

7min

5.7　递归函数

递归调用是一种特殊的嵌套调用，是某个函数调用自己或者调用其他函数后再次调用自己。递归函数必须有一个结束条件，否则会导致无限递归，从而大量占用计算机资源，直至程序崩溃。

在 Python 中，递归函数的实现方式如下：

（1）定义函数，在函数内部调用自身。

（2）定义递归的结束条件，当满足该条件时，函数不再递归调用，而是直接返回结果。

（3）在函数内部，将问题分解为更小的子问题，然后递归调用自身来解决这些子问题。

（4）将子问题的结果合并，得到原问题的解。

【示例 5-14】　使用递归函数来计算阶乘，代码如下：

```python
# 第 5 章 5.14 递归函数的使用
def factorial(n):
    '''
    求 n 的阶乘,通项公式为 n!= 1×2×3× … ×n
    '''
    if n == 1:                      # 递归结束条件
        return 1
    else:
        return n * factorial(n-1)   # 递归调用

print(factorial(5))                 # 输出:120
```

在这个例子中，函数 factorial 接受一个数字 n 作为参数，并返回 n 的阶乘。如果 n 等于1，则函数返回 1，否则函数返回 n 乘以 factorial(n−1) 的结果。这个调用 factorial(n−1) 的过程会一直递归下去，直到 n 等于 1 为止。

例如，如果我们调用 factorial(5)，则需要依次计算出 factorial(4)、factorial(3)、factorial(2) 和 factorial(1) 的值，并将它们的结果相乘。在计算 factorial(1) 时，函数会返回 1，然后依次向上计算出 factorial(2)、factorial(3)、factorial(4) 的值。最终 factorial(5) 的结果为 120。

3min

5.8　lambda 表达式

在 Python 语言中，lambda 是一个非常有用的特性，它用于创建匿名函数，也就是没有明确名称的函数。lambda 函数通常用于短小的函数定义，而不需要使用 def 关键字创建一个正式的函数。对于只有一行语句的函数，用 lambda 表达式可能更为直观。

【示例 5-15】 定义一个函数，实现对 3 个数求和，代码如下：

```
# 第 5 章 5.15 一般函数的使用
def add1(a,b,c):
    '''对 3 个数求和'''
    return a + b + c

result1 = add1(1,2,3)
print(result1)

# 输出的结果如下
6
```

上面代码定义了一个名为 add1 的函数，传入了 3 个参数 a、b、c，并对它们求和，通过调用这个函数，得到了这 3 个数的和，并打印输出。

类似地，可以用 lambda 表达式来表示：

```
# lambda 表达式的实现
add2 = lambda x,y,z:x + y + z
print(add2(2,3,4))

# 输出的结果如下
9
```

在上面的这段代码中，函数的名称为 add2，传入的 3 个参数分别为 x、y、z，然后求和。

【示例 5-16】 使用 lambda 作为另一个函数的参数，代码如下：

```
# 第 5 章 5.16 使用 lambda 作为另一个函数的参数
def apply_func(func, value):          # 第 1 行
    return func(value)                # 第 2 行

result = apply_func(lambda x: x ** 2, 4)   # 第 4 行
print(result) # 输出:16               # 第 5 行
```

在上面的示例中，apply_func 有两个参数 func 和 value。当执行到第 4 行时，数字 4 将被赋值给 apply_func 函数中的参数 value，而 func 则是一个 lambda 表达式。也就是 value 的值将被传给变量 x，计算 x 的平方，最后的结果为 16。

【示例 5-17】 把匿名函数用作传递的实参，实现对列表的排序，代码如下：

```
pairs = [ (2, 'two'), (3, 'three'), (1, 'one'), (4, 'four')]
pairs.sort(key = lambda pair: pair[1])
print(pairs)
# 输出的结果如下
[(4, 'four'), (1, 'one'), (3, 'three'), (2, 'two')]
```

这段 Python 代码实现了对一个元组列表进行排序。

pairs 是一个列表，包含 4 个元组：(2, 'two'),(3, 'three'),(1, 'one')和(4, 'four')。

pairs.sort(key＝lambda pair：pair[1])这行代码会对这个列表进行排序。这里的 key

参数是一个函数，它决定按哪种方式进行排序。在这个例子中，lambda pair：pair[1]是一个匿名函数，它接受一个元组作为输入（在这里是 pair），然后返回这个元组的第2个元素（pair[1]），因此，这行代码会对列表中的元组按照每个元组的第2个元素（也就是字符串的字母顺序）进行排序。

最后，print(pairs)这行代码会打印出排序后的列表。

▶ 8min

5.9　模块的使用

在 Python 中，模块（module）是一个包含 Python 代码的文件，通常以.py 结尾。模块可以让我们将相关的函数、类和变量组织在一起。一旦编写了一个模块，就可以从解释器或其他模块加载它。在不同的模块中定义不同的功能，这有助于隔离关注点，使代码更加清晰和易于理解，以及更加灵活和易于扩展。每个模块可以由不同的开发人员开发和测试，这也有助于提高代码的质量和开发效率。通过模块，将代码分解为更小的、可管理的部分，并且可以在需要的地方重复使用这些代码，使代码更加简洁、易于阅读和维护，提高了代码的可维护性和重用性。

例如有一个 calc.py 文件，里面包含 4 个函数，代码如下：

```
# 第 5 章 5.17 calc.py 文件,包含 4 个函数
# 实现两个数相加
def add(a,b):
    return a + b

# 实现两个数相减
def substract(a,b):
    return a - b

# 实现两个数相乘
def multiply(a,b):
    return a * b

# 实现两个数相除
def divide(a,b):
    return a/b
```

可以在同一个位置新建另一个 Python 文件，在这个文件中可以调用上述文件中的函数，代码如下：

```
import calc
print(calc.add(3,5)) 输出:8
```

上述代码的执行流程和含义如下：

（1）使用 import 关键字导入名为"calc"的模块，其中 calc 为另一个 Python 文件的文件名，里面包含了要调用的函数。

（2）通过 calc 前缀加点的方式调用 calc 模块中的 add 函数,并将 3 和 5 作为参数传递给该函数。在函数内部实现了加法运算,通过输出语句打印 add 函数的返回值。

这允许编写一段代码,然后可以在任何需要的地方调用它。当处理较大的项目并希望在不同的模块之间分离业务问题时,这很有帮助。

也可以为这个模块加一个别名,通过别名来调用模块中的内容,代码如下:

```
import calc as ca    ♯ca 为模块 calc 的别名
print(ca.add(3,5)) 输出:8
```

这种调用方式的缺点在于,通过关键字 import 会导入这个模块的所有内容,并且每次调用时必须在调用函数的前面加上模块的名称。

可以采用另一种导入方式来调用模块中的部分函数,代码如下:

```
from calc import add,multiply
print(add(4,6))
print(multiply(3,9))

♯输出的结果如下
10
27
```

这段代码的含义是从 calc 模块中导入 add 和 multiply 两个函数。调用求和 add 函数,并传入 4 和 6 作为参数。打印 add 函数的返回值,结果为 10。调用乘法 multiply 函数,并传入 3 和 9 作为参数。打印 multiply 函数的返回值,结果为 27。

通过 from 关键字调用这个模块中的多个函数。这种调用方式只调用需要的函数,提高了效率。

类似地,也可以调用导入模块中的所有内容,代码如下:

```
from calc import *
print(substract(10,3))
print(divide(36,9))
```

上述代码使用星号 * 来导入模块中的所有内容。一般情况下,不建议从模块或包内导入所有内容。因为,这种方式可能会导入一批未知的名称,来覆盖已经定义的名称,这种操作经常让代码变得难以理解。

通过导入模块,可以轻松地使用其中定义的函数和变量,而不需要重新编写这些代码。模块是 Python 中组织、重用和管理代码的重要工具,提供了一种将相关的代码组织在一起的方式,使代码更加模块化和更易维护。模块还可以用于共享代码,使其他开发者可以轻松地重用和扩展已有的功能。通过模块,可以提高开发效率、减少代码冗余,并轻松地扩展和重用代码。

5.10　__main__的使用

__main__是最高层级代码运行所在环境的名称。"最高层级代码"即用户指定最先启动运行的 Python 模块。它被称为"最高层级"是因为它将导入程序所需的所有其他模块。

有时"最高层级代码"也被称为应用的入口点。

　　一个模块可以通过检查自己的 __name__，来发现它是否在顶层环境中运行。这是允许在模块没有从导入语句中初始化的情况下有条件地执行代码的一个常见的语句：

```
if __name__ == '__main__':
    ♯执行在导入语句中未被初始化的语句
```

如果源程序作为主程序被执行，则 Python 解释器将内置变量 __name__ 的值设置为"__main__"。如果文件是从其他模块中导入的，则变量__name__的值将为这个模块的名称，代码如下：

```
♯第 5 章 5.18 最高层级代码中内置变量__name__的使用
print("start")
♯定义一个 main 函数
def main():
    print("Hello World")

♯使用指定的变量 __name__
if __name__ == "__main__":
    main ()

♯输出的结果如下
start
Hello World
```

在上面的程序中，定义了一条输出语句和一个 main()函数，由于程序顺序执行，所以先输出 start，由于是在最高层级代码中运行，__name__的值为__main__，所以满足 if 条件，此时输出为 Hello World。

5.11　包的含义

　　在 Python 中，包(Package)是一个包含 Python 模块的文件夹。它是一种组织和管理Python 代码的方式，可以避免命名冲突，并提供代码的可重用性。

　　包提供了一种方式来结构化大型的代码库，可以通过导入语句访问其他模块的代码。

　　在 Python 中，可以使用 import 语句来导入包和模块。要创建和使用包，可以按照以下步骤进行：

　　(1) 创建一个文件夹，作为包的根文件夹。

　　(2) 在该文件夹下创建一个名为__init__.py 的文件，该文件可以为空，也可以包含一些初始化代码或定义。

　　(3) 在该文件夹下创建其他的 Python 模块文件，这些文件可以被视为包的一部分。

　　(4) 使用 import 语句导入包或模块。

假设有一个名为 abc 的包,其中包含一个名为 calc 的模块 (calc 模块的内容同上),包的工程结构如图 5-3 所示。

在工程中,包含 com 文件夹,com 文件夹中包含包名 abc, 包名 abc 中包含初始化文件__init__.py 和模块文件 calc.py。 com 和 abc 中可以包含多个模块文件。

图 5-3 包的工程结构

在进行调用时,要写出完整的模块路径名,示例代码如下:

```
from com.abc.calc import add    #从 com.abc.calc 包中导入 add 函数
print(add(3, 6)) #输出结果:9
```

上述代码表示从 com.abc.calc 包中导入 add 加法函数,返回结果并打印输出。

包的作用是将相关的模块组织在一起,使程序更加模块化和更易扩展。包内可以再有模块,也可以有类或者函数,包中也可以包含子包。

在使用包时,需要注意包的初始化文件__init__.py 的作用。该文件可以包含包的初始化代码、定义和其他模块的引用。当使用 import 语句导入包时,Python 会首先运行包的初始化文件,因此,可以在该文件中定义全局变量、函数或类等,以便在包的其他模块中使用。

在较复杂的项目中,通常会包含很多包和模块来完成不同的业务需求,它们之间可以相互调用。

5.12 第三方包和模块的安装

▶ 3min

Python 语言标准库自带有许多内置的模块可供我们使用。Python 语言的强大之处在于它有很多开源的第三方包来供我们使用,第三方包的索引网址为 https://pypi.org/。可以从中查找、安装和发布 Python 软件包。当正在开发自己的项目时,很有可能会从中找到一个合适的特定任务包,能有效地使用它来满足我们的业务需求。

第三方的安装方式有多种,可以从 pypi 官网或其他渠道下载 whl 格式的文件,下载后直接运行即可完成安装,也可以采用源码方式安装。最常用的是使用包管理器 pip 来下载和安装。

在 Python 语言中用于包管理的标准工具为 pip,它提供了一种简单和标准的方法来下载和安装第三方包。在使用 pip 命令下载第三方包时,它还能够处理包的依赖关系,并确保正确安装所需的依赖项。pip 是 Python 社区中最常用和被广泛接受的包管理工具,是下载和使用第三方包的首选工具。

使用 pip 命令下载第三方包的操作步骤如下:

(1)打开命令行终端或命令提示符。直接输入 pip 命令可以得到 pip 的帮助信息,如图 5-4 所示。

(2)使用以下命令来安装第三方包或模块:

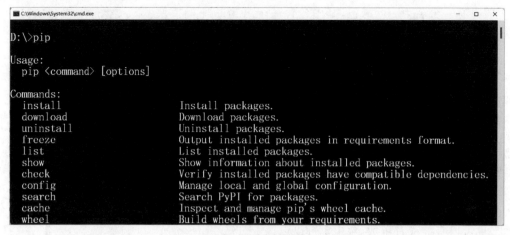

图 5-4 pip 帮助信息

```
pip install package_name
```

其中，package_name 是要安装的第三方包或模块的名称。

例如，要安装名为 requests 的第三方包，可以运行的命令如下：

```
pip install requests
```

这时，pip 将自动下载并安装所需的包和依赖项，如图 5-5 所示。

图 5-5 下载和安装 requests 包

（3）安装完成后，可以在 Python 代码中导入并使用该包或模块。

例如，如果安装了 requests 包，则可以在代码中使用 import 关键字导入并使用它：

```
import requests
```

```
# 使用 requests 进行 HTTP 请求等操作
```

（4）也可以使用 pip 命令来卸载第三方的包或模块，命令的格式如下：

```
pip uninstall some_package
```

其中，some_package 为要卸载的第三方包的名称。

由于直接下载国外的软件速度比较慢，推荐使用国内镜像网站来下载第三方的包。

5.13 实训作业

（1）编写一个函数，接收一个正整数参数，返回该数的阶乘。

（2）编写一个函数，接收一个公司名称参数和公司员工姓名参数（员工数量不定）。

字符串的用法

在 Python 中，处理文本数据使用 str 对象，也称为字符串。字符串是程序中常用的一种数据类型，字符串中可以包含中文和英文字符，示例代码如下：

```
content = "我爱中国"
```

以上代码表示字符串变量 content 中包含 4 个汉字字符。

6.1　中文字符和英文字符的区别

在 Python 中，中文和英文的字符串并没有本质的区别，它们都是字符串对象。在默认情况下，Python 源码文件的编码是 UTF-8。这种编码支持世界上大多数语言的字符，可以用于字符串字面值、变量、函数名及注释。对于包含中文的字符串，如果不在文件开头指定编码方式，则可能会出现乱码问题。如果不使用默认编码，则要在文件的第 1 行写成特殊注释声明文件的编码。

【示例 6-1】　中文和英文字符的输出，代码如下：

```
# 第 6 章 6.1 中文和英文字符的输出
# - * - coding: utf - 8 - * -


# 英文字符串
english_str = "Hello, world!"
print(english_str) # 输出:Hello, world!

# 中文字符串
chinese_str = "你好,世界!"
print(chinese_str) # 输出:你好,世界!
```

上述代码开头字符编码方式"# - * - coding：utf-8 - * -"也可以用"# coding＝utf-8"来表示。常见的中文编码方式有 UTF-8、Unicode 和 GBK 等。

6.2　字符串的运算

可以定义两个字符串,并使用"+"对两个字符串进行合并,代码如下:

```
str1 = "信心"
str2 = "是成功的保证"
s = str1 + str2
print(s)

#输出的结果如下
信心是成功的保证
```

6.3　字符串的比较

字符串可以比较大小,比较规则是从左到右,依次按各个对应字符的 Unicode 编码进行比较,编码排名在后的一个为大。如果对应的第 1 个字符相等,则依次比较后面的字符,代码如下:

```
print("ab">"AB")      #输出:True
print("12">"68")      #输出:False
print("abc"<"a68")    #输出:False
print("ab"<"我")       #输出:True
```

其中,各个字符的编码方式可以参见本书附录 Unicode 编码表。

6.4　三重引号

使用三重引号的字符串可以跨越多行——其中所有的空白字符都将包含在该字符串字面值中。适合于字符串中的内容较多时的情形,即一行显示不完,多行显示,代码如下:

```
print('''花开花又落,春去冬又来。生活就这样周而复始,辗转曲折,
我们的人生,我们的心灵也在这个过程中不断成长。''')
```

3min

6.5　转义字符的使用

Python 中的转义字符是以反斜杠\开头的特殊字符,Python 将它们看作一个整体,代表不同的含义。常见的转义字符及含义见表 6-1。

表 6-1　常见的转义字符及含义

转 义 字 符	含 　 义
\n	换行符，表示在文本中创建一个新行
\t	制表符，表示在文本中添加一个制表位
\\	反斜杠符，表示转义后面的字符
\"	输出双引号
\a	蜂鸣器响铃
\u:	Unicode 转义字符，表示在字符串中插入一个 Unicode 字符

【示例 6-2】　常见转义字符的输出及格式，示例代码如下：

```
#第 6 章 6.2 常见转义字符示例及含义
print('hello\nworld')              #\n 换行
print('hello\tworld')             #\t 制表符空位
print('hello\'world')             #\'单引号
print('hello\"world')             #\"双引号
print("\u0041")                   #\u0041 输出 A 字符

#输出的结果如下
hello
world
hello world
hello'world
hello"world
A
```

6.6　字符串中常用的函数

字符串中的函数比较多，在实际使用中，建议查看官方文档，以获得更多的帮助信息。

1. count()函数

语法：count(sub[, start[, end]])

含义：返回子字符串 sub 在 [start，end] 范围内非重叠出现的次数。

【示例 6-3】　统计字符串 s1 中"上"出现的次数，代码如下：

```
s1 = "上海人来自海上"
c = s1.count("上")
print(c)    #输出:2
```

2. endswith()函数

语法：endswith(suffix[, start[, end]])

含义：如果字符串以指定的后缀结束，则返回 True，否则返回 False。

【示例6-4】 通过扩展名判断文件的类型,代码如下:

```
#第6章 6.3 通过扩展名判断文件的类型
filename = 'land.jpg'
if filename.endswith(('.gif','.jpg','.png')):
    print ('%s 是一张图片类型的文件' % filename)
else:
    print ('%s 不是一张图片' % filename)

#输出的结果如下
land.jpg 是一张图片类型的文件
```

3. find()函数

语法:find(sub[, start[, end]])

含义:返回子字符串 sub 在 s[start:end] 切片内被找到的最小索引。如果 sub 未被找到,则返回−1。

【示例6-5】 查找字符串,代码如下:

```
info = 'banana'
print(info.find('a'))       #从下标0开始,查找在字符串里第1个出现的子串
print(info.find('a', 2))    #从下标2开始,查找在字符串里第1个出现的子串
print(info.find('x'))       #如果查找不到,则返回−1
```

输出的结果如下:

```
1
3
−1
```

4. replace()函数

语法:replace(old, new[, count])

含义:替换字符串函数,其中出现的所有子字符串 old 都将被替换为 new。如果给出了可选参数 count,则只替换前 count 次出现的子字符串。

【示例6-6】 古诗中有些词可以用另一个词替代,代码如下:

```
s1 = "红日西坠彩霞飞,满载金鳞渔船归。"
s1 = s1.replace("红日","乌轮")
print(s1) #输出:乌轮西坠彩霞飞,满载金鳞渔船归。
```

5. split()函数

语法:split(sep=None, maxsplit=−1)

含义:拆分字符串,使用 sep 作为分隔字符串。

【**示例 6-7**】　使用逗号分隔符拆分字符串，代码如下：

```
str1 = '1,2,3'
s = str1.split(',')
print(s)

#输出的结果如下
['1', '2', '3']
```

6. isdigit()函数

语法：isdigit()

含义：判断是否全是数字。如果字符串中的所有字符都是十进制数字且该字符串至少有一个字符，则返回值为 True，否则返回值为 False。

【**示例 6-8**】　判断是否全是数字，代码如下：

```
str1 = '123'
str2 = 'abc'
print(str1.isdigit()) #输出:True
print(str2.isdigit()) #输出:False
```

通常 isdigit()函数用于判断输入的内容是否全是数字，如手机号、银行金额等。

7. strip()函数

strip()函数是字符串对象的一种方法，用于删除字符串开头和结尾的空白字符（包括空格、换行符、制表符等）。

【**示例 6-9**】　删除字符串开头和结尾的空格，代码如下：

```
s = " Hello, World! "
print(s.strip())    #输出:"Hello, World!"
```

删除字符串中的特定字符，代码如下：

```
s = "XYZ Hello, World! XYZ"   #删除指定字符:XYZ
print(s.strip("XYZ"))         #输出:" Hello, World! "
```

6.7　读出字符串中的各个字符

字符串是由多个字符组成的，可以根据它们的位置来依次读取它们的值。Python 语言是零索引的，这意味着在 Python 语言中，字符串的第 1 个字符的索引值（或称为下标值）为 0，而不是 1。字符串 abcdef 中各个字符对应的下标值如图 6-1 所示。

字符串	a	b	c	d	e	f
对应的下标	0	1	2	3	4	5

图 6-1　字符串 abcdef 中各个字符对应的下标值

可以通过 len 函数得到字符串的长度，也可以通过循环依次读取字符串中的每个字符，代码如下：

```
s = "abcdef"            # 在第 1 个字符的位置下标为 0
n = len(s)
for i in range(n):
    print(s[i])


# 输出的结果如下
a
b
c
d
e
f
```

6.8　字符串的子串切片

5min

字符串中的子串切片表示从字符串中提取一段字符串,切片也可以应用于列表或元组中。语法格式如下:

```
string[start:end:step]
```

其中,start,end,step 可选,冒号不可省略。表示从 start 开始(包括 start),以 step 为步长,获取 end(不包括 end)的一段内容。如果 end 超过了最后一个元素的索引,则最多取到最后一个元素。如果不指定 start,则默认值为 0,如果不指定 end,则默认为序列尾,如果不指定 step,则默认为 1。

【示例 6-10】　采取不同的方式从一串字符串中提取部分字符,代码如下:

```
# 第 6 章 6.4 从字符串中提取部分字符

s = "abcdefghijk"
print("s = ",s)                                        # 输出字符串为 abcdefghijk
print("提取下标为 0,1 的字符,s[0:2] = ",s[0:2])         # 输出字符串为 ab
print("提取下标为 2,3,4,5 的字符,s[2:6] = ",s[2:6])      # 输出字符串为 cdef
print("提取所有的字符串,s[:] = ",s[:])                  # 输出字符串为 abcdefghijk
print("取下标为 0,2,4,6,8,10 的字符,s[::,2] = ",s[::2])  # 输出字符串为 acegik
print("提取下标为 1,3 的字符,s[1:5:2] = ",s[1:5:2])      # 输出字符串为 bd
```

6.9　综合案例: 字符串中的替换、查找、统计等功能的使用

4min

使用 Python 内置的字符串函数,完成字符串中替换、查找、统计等功能,代码如下:

```
# 第 6 章 6.5 字符串中替换、查找、统计等功能的使用
content = "祖师道：""教你'静'字门中之道，如何?""悟空道：""静字门中，是甚正果?""祖师道：""此是休粮
守谷，清静无为，参禅打坐，戒语持斋，或睡功，或立功，并入定坐关之类。""悟空道：""这般也能长生
么?""祖师道：""也似'窑头土坯'。""悟空笑道：""师父果有些滴达。一行说我不会打市语。怎么谓之'窑
头土坯'?""祖师道：""就如那窑头上，造成砖瓦之坯，虽已成形，尚未经水火锻炼，一朝大雨滂沱，他必
滥矣。""悟空道：""也不长远。不学!不学!"""
s = content.find("悟空")
print(s)
c = content.count("悟空")
print(c)
content = content.replace("悟空","孙行者")
print(content)

# 输出的结果如下
19
4
祖师道："教你'静'字门中之道，如何?"孙行者道："静字门中是甚正果?"祖师道："此是休粮守谷，清
静无为，参禅打坐，戒语持斋，或睡功，或立功，并入定坐关之类。"孙行者道："这般也能长生么?"祖师
道："也似'窑头土坯'。"孙行者笑道："师父果有些滴达。一行说我不会打市语。怎么谓之'窑头土
坯'?"祖师道："就如那窑头上，造成砖瓦之坯，虽已成形，尚未经水火锻炼，一朝大雨滂沱，他必滥
矣。"孙行者道："也不长远。不学!不学!"
```

在上面的代码中，通过 find 函数，查找出第 1 次"悟空"出现的下标位置为 19，使用 count()函数统计了"悟空"在字符串中出现的次数为 4 次，然后通过 replace 替换函数将全文中的"悟空"修改为"孙行者"。

6.10 实训作业

编写一段程序，利用字符串中的函数，实现求出字符串的长度、内容替换、截取部分字符串及查找等功能。

第 7 章

CHAPTER 7

更复杂的数据类型

在 Python 语言中,常用的数据类型有整数类型、浮点类型、字符串类型、逻辑类型等。上述的变量类型通常只能保存单个数据,在实际业务中,需要将多个数据组织在一起进行处理。除了以上数据类型,Python 语言还有其他种类的数据类型,以此来适应更复杂的业务场景。

(1) 列表类型: fruits = ['orange', 'apple', 'pear', 'banana', 'apple', 'banana']。

(2) 元组类型: a=(12345, 54321, 'hello!')。

(3) 集合类型: basket = {'apple', 'orange', 'apple', 'pear', 'orange', 'banana'}。

(4) 字典类型: tel = {'jack': 4098, 'sape': 4139}。

上述数据类型从外观上看,它们使用的括号不同。它们定义一种类型的变量,里面可以包含多个数据,在保存和处理数据上有不同的特征。

7.1 列表

15min

列表 list 是可变序列,可以用于存储一组有序的数据,例如学生信息、商品信息等。对列表中的数据可以进行增加数据、删除数据、修改数据和查询数据等操作。

可以有多种方式构建列表,可以使用一对方括号来表示空列表,也可以在括号中包含元素。

【示例 7-1】 定义空列表变量 list1 和列表变量 fruits,其中列表变量 fruits 用于保存一组和水果名称有关的数据,代码如下:

```
list1 = []    #创建空列表
fruits = ['orange', 'apple', 'pear', 'banana']#创建包含 4 个元素的列表
```

【示例 7-2】 通过下标访问列表中的值,其中列表中的第 1 个元素的下标为 0,代码如下:

```
#输出下标为 0 的数据
print ("下标为 0 的水果为: ", fruits [0])


#输出的结果如下
下标为 0 的水果为: orange
```

【示例 7-3】 对列表中的数据项进行修改，代码如下：

```
♯第 7 章 7.1 列表的使用
list1 = [ ]        ♯创建空列表
fruits = ['orange', 'apple', 'pear', 'banana']
♯将下标为 2 的内容修改为汉字"梨"
fruits[2] = "梨"
print ("下标为 2 的水果为：", fruits [2])
print(fruits)

♯输出的结果如下
下标为 2 的水果为：梨
['orange', 'apple', '梨', 'banana']
```

【示例 7-4】 使用 del 语句可以删除列表的的元素或删除整个变量，代码如下：

```
♯删除下标为 2 的数据项
del fruits[2]
print(fruits) ♯输出：['orange', 'apple', 'banana']

del fruits
♯print(fruits) ♯出错，报 NameError: name 'fruits' is not defined 错误
```

del fruits 表示删除变量 fruits，删除后这个变量不再存在。如果删除后再调用 fruits 变量进行相关操作，则会出现 NameError：name 'fruits' is not defined（变量不存在）的异常。

【示例 7-5】 可以使用 in 或者 not in 操作判断一个元素是否在或者不在列表中，代码如下：

```
♯判断一个元素是否在或者不在列表中
print('apple' in fruits)
print('peony' in fruits)
print('peony' not in fruits)

♯输出的结果如下
True
False
True
```

类似于字符串，列表也可以进行切片操作，从中提取部分内容，代码如下：

```
a = [1,2,3,4,5,6,7]
print(a[2:6:2]) ♯输出：[3, 5]
del a[2:4]
print(a)         ♯输出：[1, 2, 5, 6, 7]
```

在上面的列表中，a[2:6:2]表示选择从下标为 2 到下标为 6（不包含 6）且步长为 2 的数据，这里对数据 3 和 5 进行了输出。a[2:4]表示选择从下标为 2 到下标为 4（不包含 4）的位置提取元素 3 和 4 进行了删除。

也可以通过列表中的下标,在循环语句中对列表的内容进行遍历,其中 len()函数表示求列表的长度,依据列表的长度通过列表每个元素的下标遍历列表中的每个元素,代码如下:

```
＃对列表进行循环遍历
for i in range(len(fruits)):
    print(fruits[i])
```

另一种方式为依次选择列表中的每个元素,对列表进行遍历,代码如下:

```
for element in fruits:
        print(element)
```

列表中的元素如果是数字类型,则可以进行统计计算。

【示例 7-6】　可以使用一个列表存储一组数字,并使用 Python 中的内置函数 sum()计算它们的总和,通过 min()和 max()函数得到最小值和最大值,代码如下:

```
＃第 7 章 7.2 对列表进行计算
numbers = [8, 9, 7, 2, 5]
total = sum(numbers)          ＃计算总和
min_value = min(numbers)      ＃找到最小值
max_value = max(numbers)      ＃找到最大值
print(f"这个数列的和为{total},最小值是{min_value},最大值是{max_value}")

＃输出的结果如下
这个数列的和为 31,最小值是 2,最大值是 9
```

【示例 7-7】　使用加法运算符对列表进行合并,代码如下:

```
scores1 = [1,2,3]
scores2 = [4,5,6]
scores3 = scores1 + scores2
print(scores3)

＃输出的结果如下
[1, 2, 3, 4, 5, 6]
```

列表数据类型常用的方法见表 7-1。

表 7-1　列表数据类型常用的方法

方　法　名	含　　义
append(x)	在列表末尾添加一个元素 x
insert(i, x)	在下标为 i 的位置添加一个元素 x
remove(x)	从列表中删除第 1 个值为 x 的元素。当未找到指定元素时,触发 ValueError 异常
clear()	删除列表里的所有元素,相当于 del a[:]

续表

方 法 名	含 义
count(x)	统计列表中元素 x 出现的次数
sort(* , key=None, reverse=False)	排序列表中的元素
index	返回列表中第 1 个匹配元素的索引。如果没有找到匹配的元素,则会抛出一个 ValueError 异常

【示例 7-8】　使用列表中的方法进行增加、删除、修改、查询等操作,代码如下:

```
＃第 7 章 7.3 使用列表中的方法进行增加、删除、修改、查询等操作
fruits = ['orange', 'apple', 'pear', 'banana']
fruits.append("mango")        ＃在列表的末尾添加元素'mango'
print(fruits)
＃输出:['orange', 'apple', 'pear', 'banana', 'mango']
fruits.insert(2,"grape")    ＃在列表下标为 2 的位置添加元素'grape'
print(fruits)
＃输出:['orange', 'apple', 'grape', 'pear', 'banana', 'mango']
fruits.remove('pear')         ＃删除元素'pear'
print(fruits)
＃输出:['orange', 'apple', 'grape', 'banana', 'mango']
i = fruits.index("apple")
print("元素 apple 所在的位置下标为",i)
＃输出:元素 apple 所在的位置下标为 1
fruits.sort()                 ＃对列表 fruits 进行排序
print("排序后的列表:",fruits)
＃输出:排序后的列表:['apple', 'banana', 'grape', 'mango', 'orange']
```

4min

7.2　元组

元组也是 Python 中常用的一种数据类型,它是 tuple 类的类型,与列表 list 几乎相似,主要区别如下:

(1) 元组数据通常使用一对圆括号()来表示,例如 t=('a','b','c')。

(2) 元组数据的元素不能改变,只能读取。

因此可以简单地理解为元组就是只读的列表,除了不能改变值外,其他特性与列表完全一样。

【示例 7-9】　定义一个元组,根据下标访问元组中的元素,并通过 type()函数来检查变量的数据类型,代码如下:

```
t = 12345, 54321, 'hello!'
print(t[0])＃输出:12345
print(type(t))＃输出:< class 'tuple'>
print(t) ＃输出:(12345, 54321, 'hello!')
```

元组中的值是不能修改的,所以在下面的例子中将抛出错误:TypeError:'tuple'

object does not support item assignment(类型错误：元组对象不支持修改数据)。

```
t[1] = 'hello!'
```

【示例 7-10】　类似于列表，可以使用元组来执行查询操作，代码如下：

```
#第7章 7.4 元组的使用
#定义一个元组
my_tuple = ('apple', 'banana', 'cherry', 'peach')

#查询操作
#使用 index()方法查找元素在元组中的位置
index_position = my_tuple.index('banana')
print(f" 'banana' 在元组中的下标为：{index_position}")

#使用 in 运算符检查元素是否存在于元组中
is_element_present = 'grape' in my_tuple
print(f"'grape' 存在于元组中：{is_element_present}")

#输出的结果如下
'banana' 在元组中的下标为：1
'grape' 存在于元组中：False
```

在上述示例中，首先定义了一个元组 my_tuple，然后使用 index()方法查找元素 'banana'在元组中的位置，并使用 in 运算符检查元素 'grape'是否存在于元组中。

7.3　集合

5min

集合是由不重复元素组成的无序容器。基本用法包括成员检测、消除重复元素。集合对象支持合集、交集、差集、对称差分等数学运算。创建集合用花括号或 set() 函数。注意，创建空集合只能用 set()，而不能用{}。

下面的示例创建了一个空的集合，代码如下：

```
my_set = set() #创建一个空的集合
```

由于集合中不能包含重复的元素，所以下面的集合中只包含了 4 个元素。

```
basket = {'apple', 'orange', 'apple', 'pear', 'orange', 'banana'}
print(basket)
#输出的结果如下
{'banana', 'apple', 'orange', 'pear'}
```

【示例 7-11】　在一个交通工程中，需要考虑不同类型的车辆，可以使用 Python 中的集合来存储所有车辆类型，以便在需要的时候进行访问或修改。例如汽车、公交车、卡车等，可以使用集合来存储所有车辆类型，代码如下：

```
vehicle_types_set = {'汽车', '公交车', '卡车'}
```

然后可以使用 in 关键字来判断某种车辆类型是否在集合中,代码如下:

```
#判断'汽车'是否在集合中
print('汽车' in vehicle_types_set)     #输出:True
#判断'摩托车'是否在集合中
print('摩托车' in vehicle_types_set)    #输出:False
```

也可以使用集合方法来操作车辆类型,例如添加新的车辆类型、删除已有的车辆类型、求两个集合的交集等,代码如下:

```
#添加新的车辆类型
vehicle_types_set.add('摩托车')
#删除已有的车辆类型
vehicle_types_set.remove('卡车')
```

这样,就可以使用集合来方便地存储和管理交通工程中所有的车辆类型。在实际交通工程项目中,这个集合可能会更加复杂,包含更多信息,例如每种车辆类型的尺寸、质量、速度等。

【示例7-12】 类似于数学,也可以对集合进行合并或相交等运算,代码如下:

```
#第7章 7.5 集合的使用
a = {'a','b','c'}
b = {'c','d','e'}

print(a-b) #提取在集合 a 中,但是不在集合 b 中的元素
print(a|b) #两个集合合并
print(a&b) #提取既在集合 a 中,又在集合 b 中的元素

#输出的结果如下
{'a', 'b'}
{'c', 'd', 'e', 'a', 'b'}
{'c'}
```

13min

7.4　字典

字典类型的数据为键-值对的集合,字典的键必须是唯一的。通过键-值对能更清楚地知道数据表示的含义。字典以关键字为索引,关键字通常是字符串或数字,也可以是其他任意不可变类型。可以通过键来快速查找和访问对应的值。例如存储学生的姓名和成绩、员工的工号和工资等。字典常常用于存储配置选项、函数参数和设置等,这样能以一种结构化的方式传递和管理数据。使用一对花括号来创建空字典。

字典的定义:

```
#定义一个空的字典类型数据
my_dict = {}
#定义名为 student_info 的字典类型数据,以键－值对的形式保存
student_info = {"name":"李明","age":19,
"address":"洛阳","tel":"15912345678"}
```

可以根据键得到相应的值,代码如下:

```
student_info['address'] = '许昌' # 将地址修改为'许昌'
print(f"{student_info['name']}的手机号为{student_info['tel']}")

# 输出的结果如下
李明的手机号为 15912345678
```

这段代码的目的是根据键修改或读取对应的值,第 2 行代码从字典中提取学生的姓名和电话号码,并将其打印出来。

用已存在的关键字存储值,与该关键字关联的旧值将会被取代。通过不存在的键提取值,则会报错。

Python 字典常用的内置方法见表 7-2。

表 7-2　Python 字典常用的内置方法

方 法 名	说 明
clear()	删除字典内所有的元素
get(key, default＝None)	返回指定键的值,如果值不在字典中,则返回 default 值
items()	以列表返回可遍历的(键,值)元组数组
keys()	以列表返回一个字典所有的键
values()	以列表返回一个字典所有的值
update(dict)	更新字典,将 dict 的所有键-值对添加到 dict 中
pop(key, default＝None)	从字典中删除键 key 对应的值,并返回该值。如果字典中没有该键,则返回 default 值
popitem()	从字典中删除并返回一个由键和值组成的元组。如果字典为空,则引发一个异常
setdefault(key, default＝None)	返回指定键的值,如果值不在字典中,则添加该键,并将其默认值设置为 default

可以使用 get()方法得到字典数据类型中键所对应的值,代码如下:

```
print(student_info.get("name"))
print(student_info.get("gender","男"))
```

在第 2 行代码中,由于 student_info 没有"gender"键,所以返回默认的值"男"。

在字典中循环时,用 items() 方法可同时取出键和对应的值。

下面的示例对字典中的键和值依次循环输出,代码如下:

```
# 定义字典类型数据 grade
grade = {'Jack': 99, 'Mike': 100,'Smith': 86, 'Tom': 97,}
for k, v in grade.items():       # 可遍历的(键,值)元组数组
    print(k, v)

# 输出的结果如下
Jack 99
Mike 100
```

```
Smith 86
Tom 97
```

可以使用 keys()方法遍历字典的每个键(key)并打印出每个键及其对应的值。或者通过 values()方法遍历字典的所有值并输出,代码如下:

```
for k in grade.keys():
    print(k,grade[k])        ♯grade[k]获取字典中键为 k 的值
for value in grade.values():  ♯grade.keys()返回一个包含字典所有值的列表
    print(value)
```

输出的结果如下:

```
Jack 99
Mike 100
Smith 86
Tom 97
99
100
86
97
```

也可以根据 len()得到字典变量中元素的个数,并用 clear()方法来清空字典中的所有元素,代码如下:

```
print(len(grade))    ♯使用 len()函数获取字典中键 - 值对的数量
grade.clear()        ♯使用 clear()方法来清空字典中的所有元素
print(grade)
```

输出的结果如下:

```
4
{ }
```

在上述代码中,字典数据类型变量 grade 的长度为 4,清除数据后,内容为空。

插入和删除操作,可以使用字典的 update()方法修改字典的键-值对,或者使用 pop()、popitem()等方法删除字典中的键或值,代码如下:

```
♯第 7 章 7.6 字典内容的更新
my_dict = {'name': 'Alice', 'age': 30, 'city': 'New York'}
my_dict.update({'age': 40})
print(my_dict)   ♯输出:{'name': 'Alice', 'age': 40, 'city': 'New York'}
my_dict.pop('city')

print(my_dict)   ♯输出:{'name': 'Alice', 'age': 40}
```

在上述代码中,修改了键为 age 的值,并且删除了键为 city 的键-值对。

del 语句也可以应用于字典数据类型,根据键来删除内容,或删除字典数据类型变量,代码如下:

```
grade = {'Jack': 99, 'Mike': 100,'Smith': 86, 'Tom': 97,}
del grade['Jack']
print(grade)

#输出的结果如下
{'Mike': 100, 'Smith': 86, 'Tom': 97}
```

上述代码表示已删除了键为 Jack 的数据。

7.5　通用序列操作小结

大多数序列类型支持表 7-3 中的操作。由于上面已有示例，因此不再重复说明。

表 7-3　通用序列运算关键字

运　　算	说　　明
x in s	判断 s 中是否存在 x，如果有，则结果为 True，否则为 False
x not in s	判断 s 中是否不存在 x，如果没有，则结果为 True，否则为 False
s＋t	s 与 t 相拼接
s＊n 或 n＊s	相当于 s 与自身进行 n 次拼接
s[i]	s 的第 i 项，起始为 0
s[i:j]	s 从 i 到 j 的切片
s[i:j:k]	s 从 i 到 j 步长为 k 的切片
len(s)	求 s 中的元素个数
min(s)	s 的最小项
max(s)	s 的最大项
s.index(x[, i[, j]])	x 在 s 中首次出现项的索引号（索引号在 i 或其后且在 j 之前）
s.count(x)	x 在 s 中出现的总次数
del x	删除变量 x，删除后如果再次引用，则将出现错误

每种数据结构都有其特定的使用场景和性能特点，不同的数据结构在处理不同类型的数据时具有不同的效率，选择哪种数据结构取决于具体需求和数据特性。例如，如果需要频繁地查找元素，则使用集合（set）或者字典（dict）可能会比使用列表（list）更快。

7.6　综合案例

10min

【综合案例 7-1】　使用 continue 来过滤列表中的偶数。

```
#第 7 章 7.7 演示如何使用 continue 来过滤列表中的偶数
numbers = [1, 2, 3, 4, 5, 6, 7, 8, 9, 10]
new_list = []
for num in numbers:
    if num % 2 == 0:       #如果数字是偶数
```

```
        continue              #则跳过当前循环,不将这个偶数添加到新列表中
    new_list.append(num)

print(new_list)              #输出:[1, 3, 5, 7, 9]
```

在这个例子中,首先创建了一个新的空列表 new_list,然后遍历 numbers 列表中的每个元素。如果元素是偶数(num ％ 2 == 0),就使用 continue 来跳过当前循环,不将这个偶数添加到新列表中,否则将元素添加到新列表中。

通过这种方式,可以过滤掉列表中的特定元素(在这个例子中是偶数),并将其他元素添加到新列表中。可以根据需要修改这个逻辑来过滤不同的元素。

【综合案例 7-2】 通过 Python 中的列表实现冒泡排序算法。

```
#第 7 章 7.8 通过 Python 中的列表实现冒泡排序算法
def bubble_sort(arr):
    n = len(arr)
    for i in range(n):
        for j in range(0, n-i-1):
            if arr[j] > arr[j+1]:
                arr[j], arr[j+1] = arr[j+1], arr[j]
    return arr

arr = [2, 4, 3, 5, 1]
sorted_arr = bubble_sort(arr)
print(sorted_arr)

#输出的结果如下
[1, 2, 3, 4, 5]
```

冒泡排序的基本思想是,从数组的第 1 个元素开始,比较相邻的两个元素,如果前一个元素大于后一个元素,则交换这两个元素的位置。每轮比较完成后,最大的元素会被“冒泡”到数组的末尾。重复这个过程,直到整个数组都被排序。

【综合案例 7-3】 更复杂字典的应用——学生信息的处理。

```
#第 7 章 7.9 更复杂字典的应用——学生信息的处理
#创建一个字典,包含学生的姓名、年龄和成绩
student_info = {
    "Mike": {"age": 20, "score": 85},
    "Tom": {"age": 21, "score": 92},
    "Jack": {"age": 19, "score": 78}
}

#使用 items()方法遍历字典的键-值对
for name, info in student_info.items():
    print(f"{name}的年龄是{info['age']}岁,成绩是{info['score']}分。")

#使用 get()方法获取特定学生的信息
print(f"\n 获取 Tom 的信息:")
```

```
feline_info = student_info.get("Tom")
if feline_info:
    print(f"Tom 的年龄是{feline_info['age']}岁,成绩是{feline_info['score']}分。")
else:
    print("没有找到 Tom 的信息。")

# 使用 setdefault()方法设置一名新学生的信息
student_info.setdefault("Jordan", {"age": 22, "score": 95})
print(f"\n 添加了一名新学生 Jordan 的信息:")
for name, info in student_info.items():
    if name == "Jordan":
        print(f"Jordan 的年龄是{info['age']}岁,成绩是{info['score']}分。")
```

输出的结果如下：

```
Mike 的年龄是 20 岁,成绩是 85 分。
Tom 的年龄是 21 岁,成绩是 92 分。
Jack 的年龄是 19 岁,成绩是 78 分。

获取 Tom 的信息:
Tom 的年龄是 21 岁,成绩是 92 分。

添加了一名新学生 Jordan 的信息:
Jordan 的年龄是 22 岁,成绩是 95 分。
```

在这个例子中,创建了一个包含学生姓名的字典,每个姓名对应的值是一个字典,包含了学生的年龄和成绩。使用 items()方法遍历字典中的所有键-值对,使用 get()方法获取特定学生的信息,使用 setdefault()方法添加一名新学生的信息。

7.7　实训作业

（1）编写一个函数,接收一个字符串参数,统计并返回字符串中每个单词出现的次数。

（2）编写一个程序,接收一个字符串,判断字符串是否为回文字符串（正读和倒读都一样）,并输出结果。

（3）编写一个函数,接收一个列表参数,返回列表中的所有偶数。

异　常

在 Python 语言中，最常见的问题就是语法错误，语法错误指在程序输入过程中出现的错误，导致程序不能提交运行。还有就是异常，在程序的运行中出现了问题而中断程序的执行。

8.1　语法错误

语法错误又称解析错误，是学习 Python 时最常见的错误。这类错误常常是由于在输入的过程中，代码不规范造成的。常见的错误有英文标点符号输入成了中文标点符号、换行缩进不是 4 个字符、单词拼写错误等。语法错误会使程序编译失败，导致不能运行，示例代码如下：

```
>>> print(hello")
  File "< stdin >", line 1
    print(hello")
                ^
SyntaxError: EOL while scanning string literal
```

在上面的代码中，在 print()函数中检测到错误，因为，在 print()函数左边缺少了一个双引号。当在命令行中试图运行出错的代码时，解析器会复现出现语法错误的代码行，并用小箭头指向行里检测到的第 1 个错误。错误信息还会输出文件名与行号，这样可以知道错误所在的位置。最后一行 EOL while scanning string literal 指出了语法错误中的原因。

8.2　什么是异常

语句或表达式即使使用了正确的语法，执行时仍可能触发错误而中断程序的执行，在程序执行的过程中检测到的错误称为异常。当程序出现异常时，通常会显示错误的原因及程序在第几行出现了异常，并且会显示这种异常属于什么类型的异常，异常类型的种类名称会作为异常信息的一部分打印出来。下面的示例是一个被 0 除的异常，代码如下：

```
a = 1                    ♯第1行
b = 0                    ♯第2行
print(a/b)               ♯第3行
print("end")             ♯第4行
```

当程序执行到第3行时,程序中断,出现以下异常信息:

```
Traceback (most recent call last):
  File "D:\python07\01.py", line 3, in <module>
    print(a/b)
ZeroDivisionError: division by zero
```

异常信息表明程序执行到第3行时,程序出现了被0除的异常情况,而中止了程序的执行。程序的第4行由于异常而没有被执行,而异常类型为 ZeroDivisionError(被0除错误)。

8.3 异常的处理

▶ 5min

如果在程序的执行过程中发生了异常,则可以使用以下的格式对有异常的语句进行处理:

```
try:
    有可能发生异常的语句块
except 异常的类型 as 别名:
    对异常的处理
```

try 语句中包含可能会发生异常的语句,except 显示异常的种类和对异常的处理。as 关键字后边给异常的类型起了一个别名。

try 语句的工作原理如下:

(1)首先,执行 try 和 except 关键字之间的语句。

(2)如果没有异常发生,则跳过 except 子句,try 语句执行完毕。

(3)如果在执行 try 子句时发生了异常,则不再执行该子句后剩下的部分。如果异常的类型与 except 关键字后指定的异常相匹配,则执行 except 子句,然后执行 try/except 代码块后边的语句。

(4)如果发生的异常与 except 子句中指定的异常不匹配,则异常会被传递到 try 外部的语句中;如果没有找到处理程序,则程序终止并输出异常消息。

(5)try 语句可以有多个 except 子句来为不同的异常指定处理程序。

【示例8-1】 要求输入一个数字,并通过 int 函数转换为整数类型,代码如下:

```
n = int(input("请输入一个整数:"))
```

当运行上述代码时,如果输入的不是数字,则会出现 ValueError 异常(值错误异常)。

```
请输入一个整数:qqq
Traceback (most recent call last):
  File "D:\code\03\a14.py", line 1, in <module>
    n = int(input("请输入一个整数:"))
ValueError: invalid literal for int() with base 10: 'qqq'
```

如何对上述异常语句进行处理,代码如下:

```
♯第 8 章 8.1 异常的处理
try:
    n = int(input("请输入一个整数:"))        ♯第 2 行
    print("n = ",n)                            ♯第 3 行
except ValueError as v:                        ♯第 4 行
    print("输入的内容不是整数,请重新输入")     ♯第 5 行
```

在正常运行时,运行的代码行为第 2 行和第 3 行。由于没有异常,因此不会运行第 4 行和第 5 行。运行的结果如下:

```
请输入一个整数:5
n = 5
```

当出现异常时,运行的代码行为第 2 行、第 4 行和第 5 行。第 3 行由于出现了异常而没有被执行。运行的结果如下:

```
请输入一个整数:abc
输入的内容不是整数,请重新输入
```

8.4 多个异常的处理

当运行一段程序时,这段程序有可能会出现多种异常情况,不同的异常类型需要不同的异常处理类进行处理。

【示例 8-2】 以分苹果为例演示如何对多个异常进行处理,代码如下:

```
♯第 8 章 8.2 多个异常的处理
try:
    a = int(input("请输入苹果数:"))
    b = int(input("请输入人数:"))
    c = int(a/b)
    print(f"有{a}个苹果,{b}人来分,每人{c}有个苹果")
except ZeroDivisionError:
    print("人数不能为 0,请重新输入")
except ValueError:
    print("输入的内容不是整数,请重新输入")
else:
    print("苹果分配完成")
```

上述程序代码的执行会有不同的可能。

（1）当正常执行时,运行的结果如下：

```
请输入苹果数:6
请输入人数:3
有6个苹果,3人来分,每人2有个苹果
苹果分配完成
```

（2）当出现被除数为0时,运行的结果如下：

```
请输入苹果数:6
请输入人数:0
人数不能为0,请重新输入
```

（3）当输入的内容不为数字时,运行的结果为

```
请输入苹果数:hgf
输入的内容不是整数,请重新输入
```

try-except 语句具有可选的 else 子句,该子句如果存在,则必须放在所有 except 子句之后。它适用于 try 子句没有引发异常但又必须执行的代码。如果 try 语句块中的代码引发了异常,则 else 语句块中的代码将不会被执行。

8.5 finally 关键字

在 Python 中,finally 是异常处理结构 try-except-finally 的一部分。它的作用是无论try 语句块中的代码是否引发异常,finally 语句块中的代码都会被执行。

使用 finally 子句的目的是确保一些必要的操作无论是否发生异常都要确保被执行。例如,如果打开了一个文件,则可能希望在操作完成后无论是否发生异常都要关闭它。

【示例 8-3】 输出一个数,当两个数相除时,可能会发生除数为 0 的异常,代码如下：

```python
#第8章 8.3 异常中 finally 的使用
x = int(input("请输入一个整数:"))
try:
    #尝试执行一些可能引发异常的代码
    y = 10/x
    print("y = ",y)
except ZeroDivisionError:
    #如果发生除数为 0 的异常,则打印错误信息
    print("发生了除以 0 的错误!")
finally:
    #无论是否发生异常都会执行此语句块
    print("finally 语句块被执行了。")
```

当正常输入时,输出的结果如下：

```
请输入一个整数:5
y =  2.0
finally 语句块被执行了。
```

当 x 的值为 0 时，输出的结果如下：

```
请输入一个整数:0
发生了除以 0 的错误!
finally 语句块被执行了。
```

在这个示例中，由于尝试除以 0 而引发了 ZeroDivisionError（除以 0 错误）异常，所以 except 语句块中的代码会被执行，但是，无论是否发生异常，finally 语句块中的代码都会被执行。

8.6　raise 关键字的用法

在 Python 中，raise 语句支持强制触发指定的异常，也就是会自动抛出一个异常。

```
>>> raise NameError('Hi')
Traceback (most recent call last):
File "< stdin >", line 1, in < module >
NameError: Hi
```

raise 关键字后边为要触发的异常类型，这个类必须是异常实例或异常类（派生自 Exception 类）。NameError 的含义是"名称错误"或"名称未定义"。由于变量名拼写错误、变量尚未声明或赋值等可能会导致的 NameError 异常。

【示例 8-4】　判断名称是否为空，如果名称为空，则使用 raise 关键字引发一个 NameError 名字错误异常，代码如下：

```
#第 8 章 8.4 判断名称是否为空,如果名称为空,则引发异常
def check_name(name):
    if name is None or name. strip() == "":
        raise NameError("名字不能为空")
    else:
        print("名字为",name)

try:
    name = input("请输入姓名:")
    check_name(name)
except NameError as e:
    print(e)
```

在这个例子中，定义了一个 check_name 函数，它接受一个名字作为参数。如果名字为 None 或者只有空白字符，则这个函数会引发一个 NameError 异常。None 是一个特殊的单例值，表示空或无，通常用于表示变量没有值或没有引用任何对象。在 try/except 语句块中，我们调用 check_name 函数并传入了一个空值。如果函数引发了 NameError 异常，则会在 except 语句块中捕获这个异常并打印出它的消息。

当正常运行时，输出的结果如下：

> 请输入姓名:Tom
> 名字为 Tom

当姓名内容不合法时,输出的结果如下:

> 请输入姓名:
> 名字不能为空

【示例 8-5】 使用 raise 关键字实现购物福利同一类别只能选择一次,代码如下:

```
# 第 8 章 8.5 购物福利同一类别只能选择一次
# 福利 = ["满 100 元减 20 元", "满 200 元减 50 元", "满 300 元减 80 元"]
selected_benefits = []

def select_benefit(benefit):
    if benefit in selected_benefits:
        raise ValueError("在每个类别中,您只能选择一次这种福利。")
    else:
        selected_benefits.append(benefit)
        print(f"您选择了 {benefit} 福利。")

# 示例使用
select_benefit("满 100 元减 20 元")
select_benefit("满 200 元减 50 元")

select_benefit("满 100 元减 20 元") # 抛出异常,因为已经选择过同一类别的福利了
```

输出的结果如下:

```
您选择了 满 100 元减 20 元 福利。
您选择了 满 200 元减 50 元 福利。
Traceback (most recent call last):
  File "D:\code\07\06.py", line 14, in <module>
    select_benefit("满 100 元减 20 元")
  File "D:\code\07\06.py", line 5, in select_benefit
    raise ValueError("在每个类别中,您只能选择一次这种福利。")
ValueError: 在每个类别中,您只能选择一次这种福利。
```

在这个示例代码中,我们定义了一个 select_benefit 函数,它接受一个字符串类型的 benefit 参数作为要选择的福利。在函数内部,首先检查变量 benefit 的值是否已经在已选择的福利列表 selected_benefits 中出现过,如果是,则抛出一个 ValueError 异常,提示用户只能从每个类别中选择一个福利,否则我们将 benefit 的值添加到 selected_benefits 列表中,并打印一条消息,表明用户已成功地选择了该福利。

前两次可以正常运行,第 3 次由于重复提交同一种类的福利,因此出现了异常。

8.7　用户自定义异常

用户也可以自定义异常类,不论是以直接还是间接的方式,自己定义的异常类都应继承自内置的 Exception 类或其子类。

在 Python 中,可以使用 raise 关键字来引发一个异常。

【示例 8-6】　引发一个自定义的异常来检查一个人的年龄是否在某个范围内,代码如下:

```
#第8章 8.6 自定义的异常来检查一个人的年龄是否在某个范围内
class AgeOutOfRangeError(Exception):
    pass

def check_age(age):
    if age < 0:
        raise AgeOutOfRangeError("年龄不能为负数")
    elif age < 18:
        print("你还未成年")
    elif age == 18:
        print("你刚好成年")
    else:
        print("你已经成年")
#由主程序来处理自定义异常
try:
    check_age(-5)
except AgeOutOfRangeError as e:
    print(e)
```

在这个例子中,定义了一个自定义的异常 AgeOutOfRangeError,这个异常类继承自 Exception 类,然后我们在 check_age 函数中对年龄进行了检查。如果年龄小于 0,则将引发 AgeOutOfRangeError 异常。这个异常由调用它的程序段进行处理。

其中,pass 语句表示不执行任何操作。语法上需要一个语句,但当程序不实际执行任何动作时,可以使用该语句,起着占位符的作用。

8.8　记录日志信息 logging 模块

有时在程序运行的过程中异常会一瞬而过,可以通过日志的形式保存下来。Python 的 logging 模块是一个标准库,主要用于记录或追踪程序运行时的信息,以便于调试、监控或记录。主要有以下作用:

(1) 在开发过程中,使用 logging 模块记录程序的状态和行为可以帮助开发者快速地定位和解决问题。

(2) 在 Web 应用程序中,可以使用 logging 模块记录用户的活动,如页面浏览、提交表单等。这对于分析和优化用户体验、识别潜在的安全问题等非常有帮助。

(3) 在运行时,可以使用 logging 模块记录系统的状态信息,如内存使用情况、磁盘空间、网络连接等。这对于监控系统的健康状况和性能表现非常有价值。

(4) 对于需要记录关键操作的系统,如金融交易、数据库访问等,可以使用 logging 模块记录所有的或关键的操作。这对于审计和日志审计非常有用,可以帮助识别潜在的安全风险和不正常的行为。

（5）使用 logging 模块可以生成结构化的系统日志，这些日志可以被用于分析、报告或长期存储。这对于故障排查、问题诊断和合规性检查非常有用。

Python 的 logging 模块提供了多种级别方法记录日志，主要包括以下几种。

（1）debug(msg，＊args，＊＊kwargs)：记录调试级别的日志信息。

（2）info(msg，＊args，＊＊kwargs)：记录信息级别的日志信息，用于输出程序的一般信息。

（3）warning(msg，＊args，＊＊kwargs)：记录警告级别的日志信息，用于输出可能出现问题的情况。

（4）error(msg，＊args，＊＊kwargs)：记录错误级别的日志信息，用于输出程序运行时发生的错误。

（5）critical(msg，＊args，＊＊kwargs)：记录严重错误级别的日志信息，用于输出严重错误或系统崩溃等严重问题。

【示例 8-7】　演示如何使用 logging 模块记录不同级别的日志信息，代码如下：

```
#第 8 章 8.7 日志的使用
import logging #导入日志模块

#创建一个 Logger 对象
logger = logging.getLogger('my_logger')

#创建一个 Handler,用于将日志输出到文件
file_handler = logging.FileHandler('example.log')
file_handler.setLevel(logging.ERROR)

#将 Handler 添加到 Logger 中
logger.addHandler(file_handler)

print("start")
logging.debug("调试信息")          #在屏幕上输出调试信息
try:
    logging.info("一般信息")       #在屏幕上输出一般信息
    1 / 0   #这将引发一个 ZeroDivisionError 异常
except Exception as e:
    #如果有严重的错误,则会将信息输出到 example.log 文件中
    logger.error('有严重的异常发生: %s', e)
```

在上述代码中，一般调试信息和一般信息只会在屏幕上输出，如果有严重的错误，则会输出到文件中。

在实际开发中，有些问题可能只是在特殊的情况下才能出现，通过日志的帮助，可以更好地查看错误的原因和位置。Python 的 logging 模块是一个强大且灵活的日志工具，可以帮助开发者更好地理解程序的行为，帮助调试问题，以及监控系统状态等。

8.9　内置异常类层级结构

Python 的内置异常类位于 builtins 模块中，它们形成了一个层级结构，可以用来创建自定义异常或捕获程序中的异常。

【示例 8-8】　一个简单的 Python 内置异常类层级结构：

```
# 第 8 章 8.8 Python 内置异常类层级结构图
BaseException
+-- SystemExit
+-- KeyboardInterrupt
+-- GeneratorExit
+-- BaseExceptionGroup
+-- Exception
    +-- StopIteration
    +-- StopAsyncIteration
    +-- ArithmeticError
    |   +-- FloatingPointError
    |   +-- OverflowError
    |   +-- ZeroDivisionError
    +-- AssertionError
    +-- AttributeError
    +-- BufferError
    +-- EOFError
    +-- ExceptionGroup [BaseExceptionGroup]
    +-- ImportError
    |   +-- ModuleNotFoundError
    +-- LookupError
    |   +-- IndexError
    |   +-- KeyError
    +-- MemoryError
    +-- NameError
    |   +-- UnboundLocalError
    +-- OSError
    |   +-- BlockingIOError
    |   +-- ChildProcessError
    |   +-- ConnectionError
    |   |   +-- BrokenPipeError
    |   |   +-- ConnectionAbortedError
    |   |   +-- ConnectionRefusedError
    |   |   +-- ConnectionResetError
    |   +-- FileExistsError
    |   +-- FileNotFoundError
    |   +-- InterruptedError
    |   +-- IsADirectoryError
    |   +-- NotADirectoryError
    |   +-- PermissionError
```

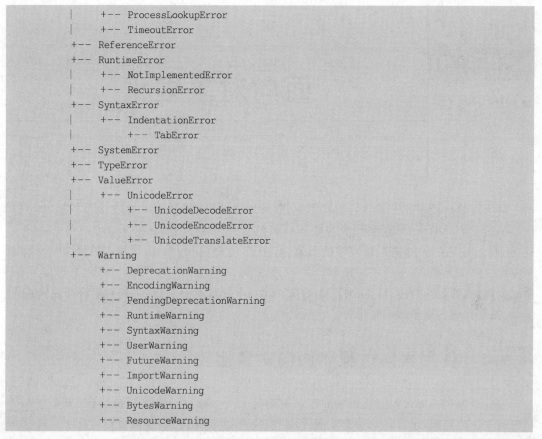

```
        |   +-- ProcessLookupError
        |   +-- TimeoutError
        +-- ReferenceError
        +-- RuntimeError
        |   +-- NotImplementedError
        |   +-- RecursionError
        +-- SyntaxError
        |   +-- IndentationError
        |       +-- TabError
        +-- SystemError
        +-- TypeError
        +-- ValueError
        |   +-- UnicodeError
        |       +-- UnicodeDecodeError
        |       +-- UnicodeEncodeError
        |       +-- UnicodeTranslateError
        +-- Warning
            +-- DeprecationWarning
            +-- EncodingWarning
            +-- PendingDeprecationWarning
            +-- RuntimeWarning
            +-- SyntaxWarning
            +-- UserWarning
            +-- FutureWarning
            +-- ImportWarning
            +-- UnicodeWarning
            +-- BytesWarning
            +-- ResourceWarning
```

其中 BaseException 类是其他类的祖先类。像 SystemExit 程序退出这类异常,程序中不会在一般异常处理机制中处理。可以在程序中进行处理的异常在 Exception 类及子类中,常见的异常类型有 ZeroDivisionError(除以零异常)、TypeError(类型错误)和 ValueError(值错误)等。

另外的类型为 Warning 警告异常。通常以下情况会引发警告:提醒用户注意程序中的某些情况,而这些情况(通常)不会触发异常并终止程序。例如,当程序用到了某个过时的模块时,就可能发出一条 DeprecationWarning(过期警告)警告。

8.10 实训作业

(1) 编写一段程序,使用关键字 try、except 和 finally 完成异常的处理。

(2) 编写一段程序,使用 raise 抛出异常。

第 9 章
CHAPTER 9

面向对象编程

面向对象是程序开发领域的重要思想,这种思想模拟了人类认识客观世界的思维方式。

在实际生活中,一个整数类型的数据只能包含一个数字,一个字符串可以包含一串字符,但是在现实生活中,游戏世界中的玩家,有血量、生命值、战斗力,这些需要作为一个整体来考虑。例如人类,也有许多特征和行为,人类的特征有人的姓名、年龄、体重、身份证号、社会职位等,人的行为有跑、喊叫、吃、睡、生产实践、科学实验等。这些在实际的开发和应用中,也需要作为一个整体来考虑。

4min

9.1 使用面向过程和面向对象比较

面向对象和面向过程解决现实问题有不同的方式。面向过程是分析问题,逐条语句进行编程来解决问题,可以将功能定义成模块、函数,通过调用模块、函数来完成任务。程序员需要关注问题的步骤和逻辑,并将其转换为代码。

而面向对象编程是分析问题,从中提炼出多个对象,将不同对象各自的特征和行为进行封装,通过控制对象的行为来解决问题。面向对象是相对于面向过程来讲的,面向对象编程方式是把相关的数据和方法组织为一个整体来看待,从更高的层次进行系统建模,更贴近事物的自然运行模式。

以猜拳游戏为例,使用面向过程实现步骤为计算机随机生成数字,人类输入数字,然后进行比较,但是如果想对人类起个名字、计算人类和计算机各赢了多少次,像这些名称变量、在面向过程中,它们之间并没有直接的联系,而使用面向对象解决方式可以将其分为计算机、人类及游戏主体,相对独立地实现各自的业务,然后通过他们的行为进行交互。这种解决方式更接近于现实世界。

2min

9.2 面向对象编程中的基本概念

面向对象编程中有 4 个基本概念:封装、抽象、继承和多态。

封装:封装是指将对象的属性和行为(数据和方法)组合在一起,形成一个独立的、封闭的实体。它隐藏对象的内部状态,只通过对象提供的接口与外部交互,从而增加了代码的安全性和可维护性。

抽象:指对现实中的信息进行提取时,只呈现对象的最相关特征,而忽略无关的信息。

继承:继承是从已有的类派生出一个新类。新类(子类)继承了原始类(父类)的属性和方法,同时还可以添加新的属性和方法或重写父类的已有方法。

多态:表示同一个方法名可以在不同的类中具有不同的实现方式。通过多态,我们可以使用统一的接口来调用不同类的方法,实现代码的灵活性和扩展性。多态让程序可以根据实际对象的类型来执行不同的操作,提高代码的可扩展性和可维护性。

这些是面向对象的关键概念。在计算机编程语言中,每种面向对象的语言都以自己的方式实现这些原则,但其本质在不同的语言中保持不变。

9.3　类与对象

在面向对象编程中,我们通过定义类来对现实世界中的一些事物进行封装,通过类中的属性来表示现实事物的特征,通过类的方法来表示现实事件的行为。通过类来描述具有相同的属性和方法的对象的集合。它定义了该集合中每个对象所共有的属性和方法。类是抽象的,可以认为是现实世界抽象出来的模板。

对象是类的具体实例,对象拥有类中定义的属性和方法。一个类中可以产生很多对象,但一个对象只能属于一个类。

面向对象是一种对现实世界理解和抽象的方法,我们在实际的业务开发中,可以根据实际的业务来对现实世界进行抽象,提取需要的内容,而忽略其他无关的信息。例如学生类,需要从人类中提取姓名、性别、学号、各科成绩等信息,另外和学生相关的还有更改成绩、添加成绩、显示成绩等动作特征,如图 9-1 所示。

学生类
姓名 性别 学号 信息技术 大学语文
录入成绩 修改成绩 显示成绩

图 9-1　学生类中特征和行为

人在不同的环境下,有不同的属性和功能,可以根据业务进行实际的信息提取。例如人类中的教师类、工程师类等,他们中的特性和行为是不一样的,在面向对象编程中生成的属性和方法也是不一样的。

9.4　类的定义和使用

▶ 7min

在 Python 语言中,通过定义类,并对类进行实例化,就可以访问类中的属性和方法了。类的定义格式如下:

```
class 类名:
        属性名 = 属性值
        def 方法名(self):
            方法体
```

注意类名后面有个英文冒号,类中的语句块要向右边缩进,语句块中可以定义属性和方法。类中的方法类似于函数,其中第 1 个参数必须是 self,表示这是类中的方法。在 Python 语言规范中,类名使用驼峰命名法,类名的每个单词的首字母都大写,例如 MyClass、Car、Student 等。

1. 类的定义

类的定义中一般包括属性和方法。在下面的代码中定义一个 Person 类,这个类中有一个 name 属性,表示姓名特征,show 方法表示类中的动作,用于显示类中的信息。

```
#第 9 章 9.1 类的定义
class Person:                    #类名为大写
    #类变量,它的值将在这个类的所有实例之间共享
    name = 'James'
    #定义了一种方法
    def show(self):              #self 表示这是一个类中的方法
        print(self.name)
```

2. 创建类的实例对象

类定义好后就可以进行实例化操作了,代码如下:

```
person = Person( )
```

这样就产生了一个 Person 类的实例对象 person。实例对象 person 包含 name 变量和 show()方法。实例对象是根据类的模板生成的一个内存实体,有确定的数据与内存地址。

3. 使用类中的属性和方法

可以通过对象名+点的方式访问类中的变量和方法,代码如下:

```
person.name = "Jack"        #调用 person 对象的 name 属性,并修改这个属性的值
person.show( )              #调用 person 对象的 show 方法
```

上述为对象 person 调用 Person 类中的属性和方法,完整的源代码如下:

```
#第 9 章 9.2 类的定义和使用
#第 1 步,定义类,包括属性和方法
#Person 表示类名
class Person:
        #定义变量、属性,表示事物的特征
        name = 'James'
        #show 表示类中的方法名,代表类中的功能
        def show(self):    #self 表示这是一个类中的方法
            print(self.name)
#第 2 步,对类进行实例化,得到变量名或对象名 person
person = Person( )
```

```
#第3步,通过对象名+点+属性或方法进行调用
person.show()          #输出:James
person.name = "Jack"
person.show()          #输出:Jack
```

有了这个 Person 类的模板,可以实例化产生这个类的更多对象,然后通过对象调用相应的属性和方法。

在面向对象编程中,"万物皆对象",可以根据我们的业务需要来创建更多的类和对象,如可以定义汽车类、打印机类、动物类、手机类、汽车类等。

6min

9.5 类的初始化方法__init__()

在 Python 语言中,__init__()是一个特殊的方法,称为类的构造函数或初始化方法(这种方法的两边各有两个下画线)。当创建类的新实例时会自动调用此方法。具体来讲,__init__()方法在对象创建时被调用,用于设置对象的初始状态或属性。可以在__init__()方法中定义和初始化类所需的任何属性,或者执行需要在创建对象时进行的任何其他初始化操作。

【示例 9-1】 如何使用__init__()方法来定义一个简单的类并初始化其属性,代码如下:

```
#第9章 9.3类中初始化方法的使用
class Person:
    def __init__(self, name, age):
        self.name = name
        self.age = age

#创建一个 Person 对象
person1 = Person("Alice", 25)

#输出对象的属性值
print(person1.name)  #输出: Alice

print(person1.age)   #输出: 25
```

在上面的示例中,Person 类有一个__init__()方法,它接受 name 和 age 作为参数。当我们创建一个新的 Person 对象时,__init__()方法会自动被调用,并将传递的参数用于初始化对象的 name 和 age 属性。

需要注意的是,__init__()方法是一个可选的方法,如果不定义它,Python 则会提供一个默认的__init__()方法,该方法不执行任何操作,但是,为了更好地控制对象的初始化和行为,通常建议显式地定义自己的__init__()方法。

9.6 析构方法__del__()

在 Python 语言中,__del__()的主要作用是在对象销毁的时候被调用。这时,Python 解释器会释放对象所占用的内存。通过运行__del__()方法释放对象占用的资源,如打开文

件资源、网络连接等，代码如下：

```
#第9章 9.4 玩家类的定义
class Player:

    def __init__(self, life,name):
        self.name = name
        self.life = life
    def __del__(self):
        print("销毁…")
```

当实例化 Player 类时，可以修改属性 name 的值并打印输出，代码如下：

```
a1 = Player("英雄 1 号",1000)
a1.name = "英雄 2 号"
print(a1.name)

#输出的结果如下
英雄 2 号
销毁…
```

在程序执行完成且 Player 类的实例销毁前，自动执行__del__()方法。

类中的对象或实例可以通过 del 命令删除，删除后，不能再使用，否则会出现异常，代码如下：

```
del a1      #删除 a1
#print(a1.name) #报 NameError: name 'a1' is not defined 异常
```

7min

9.7　继承

通过继承创建的新类称为子类或派生类，被继承的类称为基类、父类或超类。继承的好处之一就是代码的重用。Python 语言支持单继承，也支持多继承，也就是可以有多个父类。

继承语法如下：

```
class 派生类名(基类名):
    ...
```

派生类名表示新定义的类的名字，基类名表示被继承的父类或基类的名字，当有多个父类时，中间用逗号隔开。

【示例 9-2】　下面我们定义了一个 Animal 类，并且 Rabbit 类和 Sheep 类继承自 Animal 类，代码如下：

```
#第 9 章 9.5 类的继承
#Animal 类的定义
class Animal:
```

```
        def __init__(self,name,age,legs):
            self.name = name
            self.age = age
            self.legs = legs
        def show(self):
            print(f"姓名:{self.name},年龄:{self.age}岁,有{self.legs}条腿")
# Rabbit 类的定义
class Rabbit(Animal):        # 继承自 Animal 类
    pass
# Sheep 类的定义
class Sheep(Animal):         # 继承自 Animal 类
    pass

r1 = Rabbit("兔子",4,4)
r1.show()
s1 = Sheep("绵羊",3,4)
s1.show()

# 输出的结果如下
姓名:兔子,年龄:4岁,有4条腿
姓名:绵羊,年龄:3岁,有4条腿
```

在上面的类中,Animal 类为父类,包含属性 name、age、legs 和 show 方法。Rabbit 类、Sheep 类由于继承了 Animal 类,所以它们不用再重写父类同样的属性和方法,也能使用它们,并实现相应的功能。

子类或派生类可以重写父类的属性或方法,也可以添加新的属性或方法,扩展新的特征和功能。

在下面的代码中,我们创建新的 Tiger 类,继承自 Animal 类,并在 Tiger 类中新加了一个新的 eat 方法,实现了新的功能。

```
# 第 9 章 9.6 类的继承和功能扩展
class Tiger(Animal):
    def eat(self):
        print(f"{self.name} 在吃肉")

t1 = Tiger("东北虎",8,4)
t1.show()
t1.eat()

# 输出的结果如下
姓名:东北虎,年龄:8岁,有4条腿
东北虎 在吃肉
```

在进行方法调用时,Python 首先在派生类中查找对应的方法,如果没找到,则再到基类中逐个查找。

可以通过 type()和 isinstance()函数来检查变量的类型。type()函数用于输出这个变量的类型,isinstance()函数用于检查是否属于某种类型或某个类的子类,代码如下:

```
#第9章 9.7 类中实例对象的比较
print(type(t1))                     #输出变量 t1 的数据类型
print(type(t1) == Animal)           #判断变量 t1 是否属于 Animal 类
print(type(t1) == Tiger)            #判断变量 t1 是否属于 Tiger 类
print(isinstance(t1,Animal))        #判断变量 t1 是否是 Animal 类的实例
print(isinstance(t1,Tiger))         #判断变量 t1 是否是 Tiger 类的实例


#输出的结果如下
<class '__main__.Tiger'>
False
True
True
True
```

在上述代码中，由于实例 t1 属于 Tiger 类，继承自 Animal 类，所以输出类型为 Tiger。实例 t1 属于 Tiger 类，也属于 Animal 类。

9.8　类的私有属性和方法

在 Python 语言中，类的私有属性和方法通常用于封装数据和行为，以提高代码的可维护性和可扩展性。私有属性和方法允许开发者隐藏类的内部实现细节，只暴露必要的方法和属性。这有助于保持代码的一致性和安全性，防止不期望的外部修改。如果一个属性或方法被声明为私有，它就只能被同一个类的方法所访问，这减少了其他代码对它的依赖。这有助于降低代码之间的耦合度，使代码更容易测试和维护。

一般以两个下画线"__"开头，声明该属性或方法为私有，这样在类的外部将不能调用它们。

【示例 9-3】　定义一个 Person 类，Person 类中包含一个 __age 私有变量，代码如下：

```
#第9章 9.8 私有变量的使用
class Person:
    __age = 0               #私有变量
    salary = 0              #公开变量

    def count(self):
        self.__age += 1
        self.salary += 100
        print(self.__age)

counter = Person()
counter.count()
counter.count()
print(counter.salary)
print(counter.__age)        #报错，实例不能访问私有变量

#输出的结果如下
1
```

```
2
200
Traceback (most recent call last):
  File "D:\code\08\a14.py", line 14, in <module>
    print(counter.__age)      #报错,实例不能访问私有变量
AttributeError: 'Person' object has no attribute '__age'
```

9.9　类变量

在 Python 中,类变量是定义在类中的变量,它属于该类的所有实例。这意味着,所有创建的类的实例将共享同一个类变量。修改类变量会影响所有的实例。

类变量通常用于存储与类相关的信息,而不是存储与特定实例相关的信息。以下是一个简单的示例,代码如下:

```
#第9章 9.9 类变量的使用
class MyClass:
    #类变量
    count = 0

    def __init__(self):
        #实例变量
        self.name = "Instance"

    def increment_count(self):
        MyClass.count += 3
        print(f"Count: {MyClass.count}")

#创建两个实例
obj1 = MyClass()
obj2 = MyClass()

#调用 increment_count 方法两次
obj1.increment_count()
obj2.increment_count()

#输出的结果如下
Count: 3
Count: 6     #因为类变量被两个实例共享,所以值增加了一次
```

在上述示例中,count 是一个类变量,它被两个实例 obj1 和 obj2 共享。当通过 obj1 和 obj2 分别调用 increment_count 方法,以增加类变量 count 的值时,尽管不同对象调用这个方法,但用的是同一个类变量。因此,当打印 count 时,它显示的是 3 和 6。

9.10 综合案例：类之间的调用

【综合案例 9-1】 使用 Python 语言，实现类的属性或方法在另一个类中调用。定义一个公司类，在公司类中定义一个打印机类，创建公司实例和打印机实例，并实现打印功能，代码如下：

```python
#第 9 章 9.10 综合案例 9-1:类之间的调用
class Company:
    def __init__(self, name):
        self.printer = None
        self.name = name

    def add_printer(self, printer):
        self.printer = printer

    def print_document(self, document):
        self.printer.print_document(document)


class Printer:
    def __init__(self, name):
        self.document = None
        self.name = name

    def print_document(self, document):
        self.document = document
        if self.document is None or len(self.document) == 0:
            print("打印内容不能为空……")
        else:
            print(f"{self.name} 正在打印 {document}…")

#创建公司实例
company = Company("ABC 公司")

#创建打印机实例并添加到公司中
printer1 = Printer("打印机 1")
company.add_printer(printer1)

#打印文档
company.print_document("文档 1")
company.print_document("文档 2")
```

这段代码定义了两个 Python 类：Company 和 Printer，它们分别表示一个公司和一台打印机。下面是代码的详细解释。

1. Company 类

（1）__init__(self，name)：这是 Company 类的构造函数，它接受一个参数 name，用于初始化公司的名称。

（2）add_printer(self，printer)：这种方法接受一个 Printer 对象作为参数，并将其添加到公司中。在当前的实现中，公司只能有一台打印机，因此这种方法实际上只是将传入的打印机对象赋值给 self.printer。

（3）print_document(self，document)：这种方法接受一个文档名称作为参数，并尝试使用公司的打印机打印该文档。它通过调用 self.printer.print_document(document)实现这一点。

2. Printer 类

（1）__init__(self，name)：这是 Printer 类的构造函数，它接受一个参数 name，用于初始化打印机的名称。

（2）print_document(self，document)：这种方法接受一个文档名称作为参数，并尝试打印该文档。如果文档为空或长度为 0，则会输出一个错误消息"打印内容不能为空……"否则它会输出一条消息，显示正在使用哪台打印机打印哪个文档。

在代码的最后部分：首先创建了一个名为"ABC 公司"的公司实例，然后创建了一个名为"打印机 1"的打印机实例，并将其添加到公司中。最后，尝试使用公司打印两个文档，内容为"文档 1"和"文档 2"。

9.11 实训作业

（1）以面向对象思想设计出打印机类、手机类和汽车类，定义一些常用的属性和方法。

（2）设计一个游戏中的精灵角色，为其定义一些基本的属性和方法（见表 9-1 和表 9-2），实例化并运行测试功能。

表 9-1 精灵中的常用属性及含义

属　　性	含　　义
名称	精灵的名称
生命值	表示精灵当前的生命状态，当生命值为 0 时，精灵死亡
攻击力	表示精灵的攻击能力
防御力	表示精灵的防御能力
速度	表示精灵的移动速度和攻击频率
经验值	表示精灵的成长值，用于升级和提升能力
等级	表示精灵的等级，随着经验值的增加而提升

表 9-2　精灵中的常用方法及含义

方　　法	含　　义
攻击（目标）	对目标发起攻击，造成伤害
移动（方向）	使精灵向指定的方向移动
施法（技能）	释放指定的技能，造成伤害或增益
升级（经验值）	根据提供的经验值升级精灵，提升能力
恢复生命（数值）	恢复一定的生命值
显示属性	打印或展示精灵的属性值

以上只包含了一些基本的内容，可以根据游戏的具体需求和设计进行调整和扩展。通过定义属性和方法，可以为精灵角色添加更多的功能和行为，使其在游戏中更加丰富和有趣。

Python 文件操作

操作系统与 Python 语言进行交互包括对文件和文件夹的访问,如新建、删除、修改名称、路径的访问及对文件内容的读写操作等。

10.1 os. path——常用路径操作

在 Python 语言中,OS 模块提供了与操作系统进行交互的能力,通过 OS 模块可以访问操作系统中的文件和文件夹,并进行相关操作。

OS 模块中常见的函数有以下几个。

(1) os. access(path,mode)测试对 path 的访问,参数 mode 的值有 os. F_OK,用于测试 path 是否存在,os. R_OK 用于测试是否可读,os. W_OK 用于测试是否可写,os. X_OK 用于测试是否可执行,代码如下:

```
import os       ♯导入 os 模块,下同,略

♯os.F_OK 用于检查这个文件是否存在
print(os.access('abc', os.F_OK))♯当文件存在时,输出的结果为 True,否则为 False
```

(2) os. remove( )删除指定的文件。如果有,则删除,如果没有,则报 FileNotFoundError 异常,代码如下:

```
print(os.remove('abc.txt'))    ♯删除文件 abc.txt
```

(3) os. rmdir()删除一个空的文件夹,如果想删除一个非空的文件夹,则报 OSError 异常,代码如下:

```
os.rmdir('abc')    ♯删除 abc 文件夹
```

(4) os. path. isdir()检查给定的路径是否是一个文件夹,代码如下:

```
♯当 abc 是一个文件夹时,返回结果为 True,否则为 False
print(os.path.isdir("abc"))
```

(5) os. path. isfile()检查给定的路径是否是一个文件,代码如下:

```
#当a13.py是一个文件时,返回结果为 True,否则为 False
print(os.path.isfile("a13.py"))
```

10.2 pathlib——面向对象的文件系统路径

路径处理模块 pathlib 是 Python 3.4 版本后引入的标准库,用于处理不同操作系统下的文件路径,其语义适用于不同的操作系统。Python 的 pathlib 模块提供了 Path 类,它使文件和文件夹操作更加简洁和直观。使用 os.path 模块可以获取路径的基本信息。

相对于以前使用的 os.path 模块,建议使用新版本的路径处理模块 pathlib。

(1) Path.cwd()返回表示当前文件夹的路径对象,代码如下:

```
from pathlib import Path #导入 pathlib 模块下的 Path 类,下同略

p = Path('.')
print(Path.cwd())        #返回文件所在的位置

#输出的结果如下
D:\code\09
```

(2) Path.home()返回表示系统登录用户文件夹的路径对象,代码如下:

```
p = Path('.')
print(Path.home())       #返回系统登录用户默认位置

#输出的结果如下
C:\Users\xyz
```

其中,xyz 为操作系统用户名。

(3) Path.exists()返回此路径下的文件或文件夹是否存在,代码如下:

```
Path('.').exists()       #返回结果为 True
Path('15.py').exists()   #如果文件存在,则返回结果为 True,否则为 False
```

(4) Path.glob(pattern)解析相对于此路径的通配符 pattern,产生所有匹配的文件,代码如下:

```
Path('.').glob('*.py') #包含当前路径下的所有扩展名为 py 的文件
```

使用上述代码查看当前位置下的所有扩展名为 py 的文件,但不包括子文件夹里的文件。如果想包括子文件夹里的文件,则可以用"**"表示此文件夹及所有子文件夹,递归进行通配。注意,在一个较大的文件夹树中使用"**"模式可能会消耗非常多的时间,代码如下:

```
#列出'd:\\zy'文件夹树下的所有 Python 源代码文件
from pathlib import Path

p = Path('d:\\zy')
print(list(p.glob('**/*.py')))
```

在这个例子中,p. glob(' ∗∗ / ∗.py')表示递归搜索指定位置及所有子文件夹里面是否有扩展名为 py 的文件。

(5) Path. is_dir()判断路径下是否是一个文件夹,如果文件夹存在,则返回结果为True,否则为 False,代码如下:

```
p = Path('d:\\code\\03')
print(p.is_dir())    #由于 d:\\code\\03 为文件夹,因此返回结果为 True
```

(6) Path. is_file()判断路径下是否是一个文件,如果文件存在,则返回结果为 True,否则为 False,代码如下:

```
p = Path('d:\\code\\03\\a14.py')
print(p.is_file())    #文件存在,返回结果为 True
```

(7) Path. mkdir()新建一个文件夹,代码如下:

```
#创建一个 Path 对象,表示要创建的文件夹路径
p = Path("me")

#在当前位置下,使用 mkdir()函数创建 me 文件夹
p.mkdir()
```

还可以使用函数 mkdir()创建多级文件夹。只需传递一个额外的参数 parents＝True。如果中间的文件夹不存在,则 parents＝True 将会创建它们,代码如下:

```
#创建一个多级文件夹路径
p = Path("parent/directory")

#创建多级文件夹
p.mkdir(parents = True)
```

(8) Path. rename(target)将文件名文件夹重命名为给定的 target,并返回一个新的指向 target 的 Path 实例,代码如下:

```
p = Path('123.txt')
target = Path('apple.txt')
p.rename(target)
```

(9) Path. rmdir()移除此文件夹。此文件夹必须为空。如果没有此文件夹,则报 FileNotFoundError:［WinError 2］系统找不到指定的文件错误,代码如下:

```
p = Path('xyz')
p.rmdir()      #删除文件夹 xyz
```

(10) Path. iterdir()用于遍历指定路径下的所有文件和子文件夹,代码如下:

```
#第 10 章 10.1 查询输出当前位置下的所有文件夹的名称
from pathlib import Path

p = Path('.')                #.表示当前位置
```

```
for x in p.iterdir():        # 查询当前位置下的所有文件和文件夹
    if x.is_dir():           # 如果是文件夹,则打印输出
        print(x)
```

10.3　读写文件

Python 的文件对象提供了许多方法来读取、写入和操作文件。以下是一些常用的文件对象方法。

（1）Path.open()方法表示打开路径指向的文件,返回文件对象。

语法如下:

```
Path.open(mode = 'r', buffering = - 1, encoding = None, errors = None, newline = None)
```

- 参数 mode 是可选的字符串,用于指定打开文件的模式。默认值为 'r',表示以文本模式打开并读取文件。更多参数值的设置见表 10-1。

表 10-1　文件的打开方式

字　　符	含　　义
'r'	读取（默认）
'w'	写入,并先截断文件
'x'	排他性创建,如果文件已存在,则创建失败
'a'	打开文件用于写入,如果文件存在,则在末尾追加
'b'	二进制模式
't'	文本模式（默认）
'+'	打开,用于更新（读取与写入）

- buffering 是一个可选的整数,用于设置缓冲策略。
- encoding 用于解码或编码文件的编码名称。
- errors 是一个可选的字符串参数,用于指定如何处理编码和解码错误,这不能在二进制模式下使用。
- newline 是否启动换行模式。

（2）close()：关闭文件。一定要养成关闭文件的好习惯,以确保所有的数据都已经被写入并释放系统资源。

（3）read([size])：读取指定字节数的数据,或者读取整个文件（如果没有指定字节数）。

（4）readline([size])：读取一行数据,或者读取最多指定字节数的数据。

（5）readlines([size])：读取所有行数据,或者读取最多指定字节数的数据。

（6）write(data)：将数据写入文件中。

（7）writelines(data)：将一个包含多行的列表写入文件中。

（8）write_text(data)：以文本模式打开指向的文件,向其中写入数据,然后关闭文件。

（9）read_text()：以字符串形式返回指向的文件的内容,自动打开和关闭文件。

【示例 10-1】　通过 readlines()方法读取文本文件中的多行内容,代码如下:

```
# 第 10 章 10.2 读取 apple.txt 文件中的每行内容,并循环输出
# 从 pathlib 模块导入 Path 类
from pathlib import Path
# 创建一个 Path 对象,包含'apple.txt'文件路径
p = Path('apple.txt')
# 使用 open 方法打开该文件,将字符编码指定为 "utf - 8".这个文件对象被存储在变量 f 中
with p.open(encoding = "utf - 8") as f:
    # 从输入流读取所有行,并将其存储在列表 content 中
    content = f.readlines()
    # 遍历 content 中的内容,对应文件中的每行
    for line in content:
        # 打印输出
        print(line)
```

上面这段代码的主要目的是打开 apple.txt 文件,读取其内容,并将每行打印到控制台。
f.readlines()表示读取文件中的每行的内容。

为了确保文件被正确关闭,可以使用 with 语句来打开文件。使用 with 语句,可以确保
代码块在执行完毕后自动关闭文件,无须手动调用关闭文件的 close()方法。

【示例 10-2】　使用 Path 类中的 write_text()方法可以直接将文本写入文件,并通过
read_text()方法读取文件的内容,代码如下:

```
# 第 10 章 10.3 多选内容的写入
from pathlib import Path

# 创建一个 Path 对象,代表一个文件
file_path = Path("example.txt")

# 要写入的内容,包含多行
content = """
第 1 行内容
第 2 行内容
第 3 行内容
"""

# 使用 write_text()方法写入内容
file_path.write_text(content, encoding = "utf - 8")
print(file_path.read_text(encoding = "utf - 8"))
```

【示例 10-3】　利用 open()方法打开文件,通过 write()方法写入文本文件内容。如果
原来文件中有内容,则在文件的末尾追加内容,代码如下:

```
# 第 10 章 10.4 往 newfile.txt 文件中写入内容
from pathlib import Path

p = Path('newfile.txt')
# mode = "a"表示以追加的方式添加内容
with p.open(mode = "a", encoding = "utf - 8") as f:
```

```
    f.write('\n一个美丽的乡村')              #\n表示换行写入
    f.write('\n洋溢着灿烂的笑容')
```

上面的代码实现了往 newfile.txt 文件中写入两行内容，如图 10-1 所示。注意图 10-1
的右下角，这个文本文件的编码方式为 UTF-8。与程序中的文本写入时设置的编码一致，
这样不会产生乱码。

图 10-1　文件中的内容及编码方式

在 Python 中，可以使用文件对象的 read()和 write()方法来读写二进制文件。这些方
法与文本文件的读写方法类似，但是它们处理的是二进制数据而不是文本数据。

【示例 10-4】　演示如何打开一个二进制文件、读取数据并写入另一个文件，代码如下：

```
#第 10 章 10.5 文件的复制
#打开原始二进制文件
with open('sunny.mp3', 'rb') as input_file:
    #读取数据
    data = input_file.read()

#打开目标文件
with open('output.mp3', 'wb') as output_file:
    #写入数据
    output_file.write(data)
```

在上面的示例中，首先使用 open() 函数以二进制读取模式('rb')打开原始二进制文
件，然后使用 read() 方法读取整个文件的内容，并将其存储在变量 data 中。接下来，使用
open() 函数以二进制写入模式('wb')打开目标文件，并使用 write()方法将数据写入该文
件。上述代码类似于文件的复制操作，如将文件 sunny.mp3 复制为 output.mp3。

需要注意的是，二进制文件的读写与文本文件的读写有所不同。在二进制模式下，文件
中的数据不会被转换为字符串或行，而是按照原始字节进行处理，因此，在读取二进制数据
时，需要确保以正确的字节顺序进行读取，以避免出现意外的结果。

10.4　综合案例

▶ 4min

递归查询指定文件夹中的所有文本文件。下面的示例用于查找内容中包含"李白"的文
件，并依次输出文件的名称，代码如下：

```
# 第 10 章 10.6 递归查询 D:\\code 位置下内容包含"李白"的文件的名称
# 从 pathlib 模块中导入 Path 类
from pathlib import Path
# 创建一个 Path 对象,表示路径 D:\code
p = Path('D:\\code')
for fi in list(p.glob(' ** / * .txt')):
    # 输出 fi 的变量类型
    # print(type(fi))
    # 以 utf - 8 编码方式读取文件中的所有内容
    content = fi.read_text(encoding = "utf - 8")
    # 如果文件内容中包含"李白",则打印出该文件的完整路径
    if content.find("李白")> - 1:
        print(fi)
# 输出的结果如下
D:\code\test\content.txt
D:\code\test\a\60.txt
```

▶ 6min

从输出结果可以看出,包含字符串"李白"的文件有 content.txt 文件和 60.txt 文件。

在上面的代码中,p.glob(' ** / .txt')使用 glob 方法从给定的路径(p)中查找所有以 .txt 结尾的文件。** / * 表示递归搜索所有子文件夹。list(…)表示将 glob 返回的生成器转换为列表,以便可以迭代它。fi.read_text()使用 UTF-8 编码读取文件的内容,这行代码将整个文件的内容读入一个字符串中。content.find("李白")表示在文件内容中查找字符串"李白"。如果找到,则返回第 1 次出现的位置(一个非负整数)。如果没找到,则返回 -1。

10.5 实训作业

打开一个内容包含《西游记》全文的文本文件,完成如下功能:如统计孙悟空出现的次数、有没有包含"关羽"名称等。

Python 网络编程

Python 提供了强大的网络编程支持,可以使用 Python 中的类或第三库实现网络的信息传输,如进行网络聊天、通过网络传输文件、邮箱服务等。也可以实现在地图上找到公司的位置、从网站中抓取信息、搜索代码仓库,以及读取新闻,也可以通过编程的方式实现从任何网站或 Web 服务中读取信息,并与之交互。例如,可以使用爬虫技术从网站中搜索商品信息,并进行分析。通过简洁的 Python 脚本代码实现捕获、存储、分析和处理网络数据包以进行网络监控,解决网络安全问题。

5min

11.1 网络基础知识

11.1.1 网络地址

网络地址,也称为互联网协议地址(Internet Protocol Address,IP 地址),相当于网络世界中的门牌号码。这样信息就能够在数以亿计的网络设备之间准确、快速地传递。

网络地址由一串数字组成,通常分为 IPv4 和 IPv6 两种类型。

IPv4 地址由 32 位二进制数字组成,通常以四组十进制数字表示,各组之间用句点分隔,例如 192.168.1.1。IPv6 地址则由 128 位二进制数字组成,表达方式更为复杂。

每个网络设备(如计算机、手机、服务器等)在接入互联网时都会被分配一个或多个这样的网络地址。

11.1.2 端口号

网络中的计算机是通过 IP 地址来代表其身份的,它只能表示某台特定的计算机,但是一台计算机上可以同时提供很多个服务,如数据库服务、文件传输服务、网页服务等。可以通过端口号来区别相同计算机所提供的这些不同的服务,常用的端口号及对应的服务协议见表 11-1。

表 11-1 计算机中的端口号及对应的服务协议名

默认端口号	对应的服务协议名
21	文件传输协议(File Transfer Protocol,FTP)
80	超文本传输协议(Hypertext Transfer Protocol,HTTP)
25	简单邮件传送协议(Simple Mail Transfer Protocol,SMTP)
23	远程登录,Telnet 协议

端口号的使用范围是 0~65535,其中特权端口号的范围是 0~1023,而普通端口号的范围是 1024~65535。

11.1.3 TCP/IP

3min

为了实现网络通信,必须有统一的协议。现在的网络通信主要通过 TCP/IP 协议进行。传输控制协议/互联网协议(Transmission Control Protocol/Internet Protocol,TCP/IP)是指能够在多个不同网络间实现信息传输的协议簇。它主要是由 FTP、SMTP、TCP、UDP、IP 等构成的协议簇。

TCP/IP 中分为 4 个层次,如图 11-1 所示。

TCP/IP体系结构

应用层	HTTP	FTP	SMTP	POP3	
传输层		TCP		UDP	
网际层			IP		
网络接口层	IP over以太网	IP over令牌环网		IP over SDH	…
不同类型网络	以太网	令牌环网		SDH	…

图 11-1 TCP/IP 体系结构

(1) 应用层:这是 TCP/IP 的最高层,直接为应用进程提供服务。它包含各种不同的协议,如 HTTP、FTP、SMTP 等,这些协议在不同的应用程序中用于传输和接收数据。

(2) 传输层:这一层负责在源端和目的端之间建立、管理和终止会话。它提供了两种主要的协议:TCP(传输控制协议)和 UDP(用户数据报协议)。TCP 是一种面向连接的协议,它提供了可靠的数据传输服务,通过序列号、确认机制、重传等机制保证数据的顺序和完整性,而 UDP 则是一种无连接的协议,它提供了简单的数据传输服务,但不保证数据的顺序和完整性。

(3) 网际层:这一层负责数据的路径选择和逻辑地址寻址。它包含了 IP(互联网协议)和 ICMP(互联网控制消息协议)等协议。IP 用于发送数据包,并根据目的 IP 地址选择最佳路径,实现数据包的路由和转发。ICMP 则用于在互联网设备之间传递控制消息,例如路由信息、错误报告等。

(4) 网络接口层:这是 TCP/IP 的第 4 层,负责在物理网络连接上发送和接收数据。它包含各种硬件协议，如以太网（Ethernet）、无线局域网（WLAN）等，这些协议用于定义如何在物理连接上传输数据。

TCP/IP能够迅速发展起来并成为事实上的标准，是它恰好适应了世界范围内数据通信的需要。它主要有以下特点：

（1）协议标准是完全开放的，可以供用户免费使用，并且独立于特定的计算机硬件与操作系统。

（2）独立于网络硬件系统，可以运行在广域网，更适合于互联网。

（3）网络地址统一分配，网络中每个设备和终端都具有唯一的地址。

（4）高层协议标准化，可以提供多种多样可靠网络服务。

在Windows系统中，可以在命令提示符下使用netstat命令查看系统正在使用的协议、本地地址、外部地址及其状态，如图11-2所示。

图 11-2　查看网络状态

也可以在命令提示符下输入ipconfig命令，查看本机IP地址，如图11-3所示。

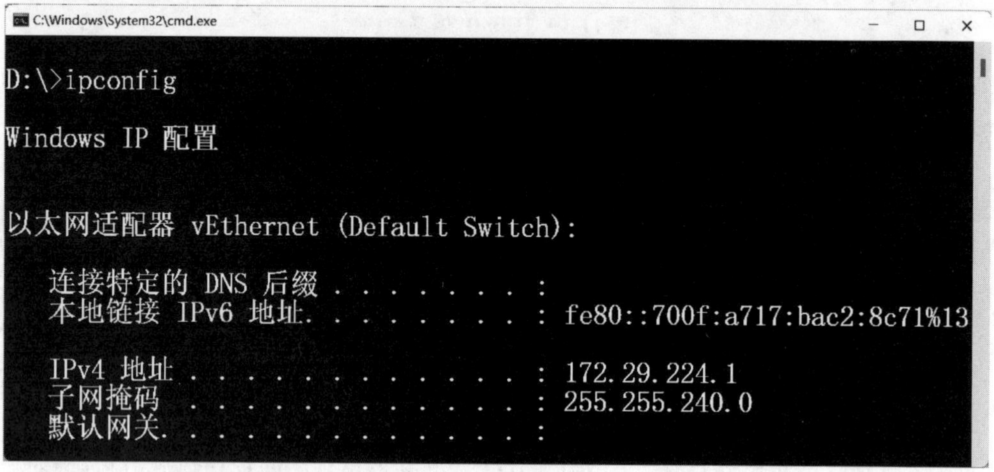

```
C:\Windows\System32\cmd.exe                                      — □ ×

D:\>ipconfig

Windows IP 配置


以太网适配器 vEthernet (Default Switch):

   连接特定的 DNS 后缀 . . . . . . . . :
   本地链接 IPv6 地址. . . . . . . . . : fe80::700f:a717:bac2:8c71%13

   IPv4 地址 . . . . . . . . . . . . : 172.29.224.1
   子网掩码  . . . . . . . . . . . . : 255.255.240.0
   默认网关. . . . . . . . . . . . . :
```

图 11-3　查看本机 IP 地址

▷ 4min

11.2 网络通信——Socket 编程

在现实的应用中,网络上的主机间通过 IP 地址与端口号进行通信,称为 Socket(套接字)通信。日常的网页浏览、文件传输等都可通过 Socket 通信实现。

如果要实现网络通信,则至少包括发送端和接收端两部分。发送端称为客户端,接收端称为服务器端。一个服务器端可以同时接收多个客户端发来的信息,并进行处理。

11.2.1 在 Socket 编程中创建服务器端

在服务器端创建连接的步骤如下。

(1) 导入 socket 模块,创建 Socket 对象,用于建立网络连接,代码如下:

```
import socket    # 导入 socket 模块
# 服务器端主机名
HOST = ''
# 服务器端端口号
PORT = 50007
# 创建 Socket 对象
with socket.socket( ) as s:
```

在上述代码中,使用 with 语句确保在与客户端通信结束后套接字被正确关闭,并以变量 s 作为别名。

(2) 绑定地址和端口:创建 Socket 对象后,需要将其绑定到一个本地地址和端口上。这一步是为了让 Socket 对象能够接收和发送数据。

```
s.bind((HOST, PORT))
```

(3) 监听连接请求:服务器端的 Socket 对象需要监听客户端的连接请求。当有客户端请求连接时,服务器端的 Socket 对象会接收到请求,然后决定是否接受该请求。

```
s.listen( )
```

(4) 接受连接请求:如果服务器端的 Socket 对象决定接受客户端的连接请求,就会返回连接对象 conn 和地址对象 addr 来与客户端进行通信。

```
conn, addr = s.accept()
```

(5) 发送和接收数据:一旦建立了连接,就可以通过 Socket 对象发送和接收数据。发送数据时,需要将要发送的数据写入 Socket 对象的输出缓冲区;在接收数据时,需要从 Socket 对象的输入缓冲区读取数据,代码如下:

```
# 第 11 章 11.1 通过网络连接接收和发送数据
with conn:
```

```
        print('Connected by', addr)      # 输出连接地址
        while True:
            data = conn.recv(1024)        # 接收数据
            # print(data.decode())        # 输出数据内容
            if not data: break            # 无数据,中止程序的执行
            conn.sendall(data)            # 发送数据
```

在上述代码中,使用 with 关键字确保连接完成后能被正确地关闭。conn.recv(1024)表示从客户端接收最多 1024 字节的数据。data.decode()表示将从网络传进来的二进制数据转换为字符串。conn.sendall(data)表示将接收的数据发送回客户端。

（6）关闭连接:当通信结束后,需要关闭 Socket 对象,释放资源。当关闭 Socket 对象时,需要先关闭底层的网络连接,然后关闭 Socket 对象本身。如果使用了 with 关键字,则会自动关闭。

服务器端的完整源程序如下:

```
# 第 11 章 11.2 服务器端程序
import socket

HOST = ''
PORT = 50007
with socket.socket() as s:
    s.bind((HOST, PORT))
    s.listen()
    conn, addr = s.accept()
    with conn:
        print('Connected by', addr)
        while True:
            data = conn.recv(1024)
            print(data.decode())
            if not data: break
            conn.sendall(data)
```

11.2.2　Socket 编程中的客户端程序

类似于服务器端,创建客户端程序的基本步骤如下:

（1）创建套接字(socket())。

（2）向服务器发出连接请求(connect())。在连接中指定服务器端的 IP 地址和端口号。

（3）和服务器端进行通信(发送数据和接收数据,send()/recv())。

（4）关闭套接字 (closesocket())。

客户端的完整源程序如下:

```
# 第 11 章 11.3 客户端程序
import socket
```

```
HOST = '127.0.0.1'        # 远程服务器地址
PORT = 50007              # 远程服务器端口号
with socket.socket() as s:
    s.connect((HOST, PORT))
    while True:
        content = input("请输入要发送的内容:")
        if content == "q":
            break
        s.sendall(content.encode())
        data = s.recv(1024)
        print('Received', data.decode())
```

其中 data.decode()表示对内容进行解码，而 content.encode()表示对内容进行编码。客户端和服务器端连接一个明显的区别是客户端在连接时要加上服务器端的地址和端口号。

服务器端和客户端网络通信的步骤如图 11-4 所示。

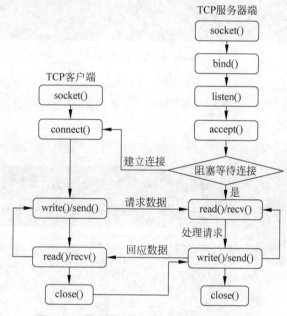

图 11-4　服务器端和客户端网络通信的步骤

11.2.3　网络通信执行步骤

创建好服务器端和客户端的程序后，首先，找到服务器端程序的位置，在命令行输入以下命令来运行服务器端程序，如图 11-5 所示。

```
python ch08server.py
```

其次，打开另一个新窗口，在命令行运行客户端程序，如图 11-6 所示。

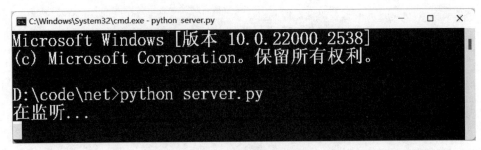

图 11-5　运行服务器端程序

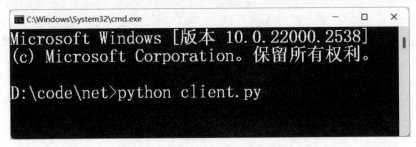

图 11-6　运行客户端程序

当客户端程序运行后，首先由客户端向服务器端发送信息。服务器端程序收到信息后会在服务器端打印信息，并将信息回传给客户端。客户端也会接收并输出从服务器端传来的信息，如图 11-7 所示。

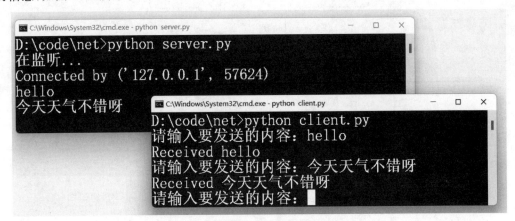

图 11-7　服务器端和客户端的通信

11.2.4　使用 Socket 编程，实现文件的传输

文件传输涉及两个主要步骤：客户端从服务器端下载文件，以及服务器端将文件发送到客户端。以下是使用 Python 的 Socket 编程实现文件传输的示例。

首先，我们创建一个服务器，它监听一个端口，等待客户端的连接。如果有客户端连接，

则将一个文件发送给客户端,代码如下:

```python
# 第 11 章 11.4 使用 Socket 编程,实现文件的传输
import socket
import os

def send_file(file_path, host, port):
    # 创建一个 TCP socket 对象
    sock = socket.socket(socket.AF_INET, socket.SOCK_STREAM)
    # 绑定到指定的地址和端口
    server_address = (host, port)
    print(f"启动服务器在 {server_address}")
    sock.bind(server_address)
    # 监听连接
    sock.listen(1)
    print("等待连接…")
    # 等待客户端的连接请求
    connection, client_address = sock.accept()
    try:
        print(f"接收到来自 {client_address} 的连接")
        # 打开文件准备发送
        with open(file_path, 'rb') as f:
            # 循环读取文件内容并发送给客户端
            while True:
                data = f.read(1024)
                if not data:
                    break
                connection.sendall(data)
    finally:
        # 关闭连接
        connection.close()

if __name__ == "__main__":

    # 使用你的文件路径、网址和端口替换 'test.txt', 'localhost', 8080
    send_file('test.txt', 'localhost', 8080)
```

然后创建一个客户端,连接到服务器端接收文件,代码如下:

```python
# 第 11 章 11.5 创建一个客户端,接收服务器端文件
import socket
import os

def receive_file(file_path, host, port):
    # 创建一个 TCP socket 对象
    sock = socket.socket(socket.AF_INET, socket.SOCK_STREAM)
    # 连接到指定的地址和端口
    server_address = (host, port)
    print(f"连接到服务器 {server_address}")
    sock.connect(server_address)
```

```
        try:
            #创建文件准备写入接收的数据
            with open(file_path, 'wb') as f:
                #循环接收数据并写入文件
                while True:
                    data = sock.recv(1024)
                    if not data:
                        break
                    f.write(data)
        finally:
            #关闭连接
            sock.close()
            print('文件传输完成')

if __name__ == "__main__":
    #使用你的文件、地址和端口替换 'received_file.txt', 'localhost', 8080
    receive_file('received_file.txt', 'localhost', 8080)
```

需要注意，此代码示例没有处理任何错误或异常，例如网络中断或文件读写错误。在实际应用中，应该添加适当的错误处理代码。

11.2.5　接收多个用户的通信

修改上面的服务器端程序，完成后可以接收多个用户的通信，代码如下：

```
#第11章11.6 服务器端接收多个用户的通信
import socket
import threading                        #导入线程模块

HOST = '127.0.0.1'
PORT = 50007

def handle_client(conn, addr):
    print(f'Connected by {addr}')       #输出连接地址
    while True:
        data = conn.recv(1024)
        if not data:
            break
        conn.sendall(data)
    conn.close()

with socket.socket() as s:
    s.bind((HOST, PORT))
    s.listen()
    while True:
        conn, addr = s.accept()
    #开启新线程，接收新的客户端通信
        threading.Thread(target = handle_client, args = (conn, addr)).start()
```

　　在这个修改后的版本中,使用了一个无限循环来监听客户端的连接。每当有一个新的客户端连接时,服务器端会创建一个新的线程来单独处理它。这样服务器端就可以同时处理多个客户端的连接。每个线程都会运行 handle_client 函数,该函数负责接收和发送数据。当客户端断开连接时,对应的线程也会自动结束。

　　本章介绍了网络通信的基本过程和原理,学有余力的读者也可以对上面的程序进行修改,以实现更多的功能,如类似于 QQ 或微信,将上述程序加上窗口界面,更方便用户使用。

11.2.6　实训作业

　　实现服务器端与客户端的聊天功能、文件传输功能和服务器端与多个用户进行通信功能。

第 12 章

CHAPTER 12

Python 图形用户界面

图形用户界面（Graphical User Interface，GUI）是通过图形化的方式呈现应用程序的界面，CUI 通常包括许多视觉元素，如图标、按钮、图形、显示文本和其他几种输入形式，如复选框、文本输入框等。所有这些元素的组合构成了应用程序或网站的用户体验的重要部分。用户可以通过鼠标、键盘和触摸屏等设备与之进行交互，提供了更加直观和友好的交互方式。GUI 编程通常应用于桌面应用程序，可以编写出多种不同的系统供大家使用，如酒店管理系统、考勤系统等。

Python 语言作为一种简单易学且功能强大的编程语言，提供了多个库文件，以此来帮助我们创建各种类型的 GUI 应用程序。Tkinter 是 Python 的标准 GUI 库，其他常用的 GUI 编程库有以下几种。

（1）PyQt：PyQt 包是围绕 Qt 框架构建的，Qt 框架是一个跨平台框架，用于为各种平台创建大量应用程序。

（2）Kivy：Kivy 是用 Python 和 Cython 混合编写的，它是一个开源 GUI 框架，用于构建一些最直观的用户界面，包括实现自然用户界面的多点触摸应用程序。

（3）wxPython：这个库的目标是创建一个"本机"外观的 GUI，它看起来就像是使用操作系统自身的工具创建的一样。

（4）PyGTK：这个库是用于创建 GTK＋的 Python 应用。GTK＋是一套全功能的对象导向的框架，用于创建 GUI。

（5）Pygame：主要用于游戏开发，但也可以用于创建简单的 GUI。

本章以 Tkinter 为例说明桌面 GUI 应用程序的开发。

12.1　Tkinter 简介

Tkinter 是 Python 的标准 GUI 库，它提供了丰富的组件和布局管理器，能够帮助我们快速地创建 GUI 应用程序。Tkinter 内包含窗口、对话框、按钮、滑块、复选框、文本框等组件。

在使用 Tkinter 创建一个桌面应用系统之前，首先要导入相关的模块。

```
from tkinter import *      # 导入 Tkinter 模块
from tkinter import ttk   # 导入 Tkinter 模块中的 ttk 模块
```

在导入模块之后，下面将通过创建一个 Tk 类的实例来创建一个顶层窗口。实例名为 root，它将被作为应用程序的主窗口。通过 title 方法为窗口加上标题，代码如下：

```
root = Tk()                    # 创建顶层窗口
root.title("Feet to Meters")  # 窗口的标题
```

在程序的最后，要加上事件循环，这样才能在程序运行时显示窗口。mainloop()方法将所有控件显示出来，并响应用户输入，直到程序终结。

```
root.mainloop()
```

运行上面的代码便可创建一个有标题的窗口，如图 12-1 所示。

图 12-1　显示一个简单的窗口

完整的源代码如下：

```
# 第 12 章 12.1 创建一个有标题的窗口
from tkinter import *
from tkinter import ttk

root = Tk()
root.title("Feet to Meters")

root.mainloop()
```

12.2　常用的组件

▶ 5min

在真正的桌面应用系统中，桌面通常会包括一些组件。下面列举了一些常用组件的使用方法。

（1）label 标签。标签是一个显示文本或图像的组件，通常用户只会查看这些内容，而不会与之交互。标签用于识别控件或用户界面的其他部分，提供文本反馈或结果等，代码如下：

```
label = ttk.Label(parent, text = 'Full name:')
```

其中，parent 表示父窗口的名称，text 中的值为显示在标签上面的内容。

也可以通过 label 标签在窗口上显示图像，显示图像的示例代码如下：

```
image = PhotoImage(file = 'myimage.gif')
label['image'] = image
```

其中，参数 file 对应的值表示图像的位置和名称。显示文本和图像的标签如图 12-2 所示。

（2）Button 按钮。通常使用按钮的单击来完成一项任务，用法示例如下：

```
button = ttk.Button(parent, text = 'Okay', command = submitForm)
```

在上面的示例代码中，parent 参数代表父窗口，text 参数表示按钮上面显示的文字，command 代表一个事件，调用 submitForm() 函数来完成单击事件所对应的功能。

另外参数 background（或 bg）可以定义按钮的背景颜色，foreground（或 fg）可以定义按钮上文本的颜色，width 表示按钮的宽度，height 表示按钮的高度。这些参数可以帮助我们自定义按钮的外观和行为。按钮的外观如图 12-3 所示。

（3）Entry 文本框组件。Entry 组件为用户提供了一个单行文本字段，用户可以在其中输入一串字符串值，如姓名、密码、所在城市、手机号码等。可以通过文本框收集信息，并将这些数据进行远程提交，代码如下：

```
username = StringVar()
name = ttk.Entry(parent, textvariable = username)
```

Tkinter 只允许将组件附加到 StringVar 类的实例上而不是普通的变量上，这样在使用界面编程的时候，值的变化会随时显示在界面上，如图 12-4 所示。

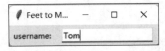

图 12-2　显示文本和图像的标签　　　图 12-3　按钮的外观　　　图 12-4　窗口中的单选文本字段

（4）Listbox 列表框组件。列表框组件用于显示单行文本项的列表，允许用户浏览列表，选择其中的一个或多个。可以使用 append 方法向 Listbox 中追加内容，使用 selection_set 方法或 curselection 方法选择特定的内容，使用 get 方法获取选择的内容，示例代码如下：

```
# 第 12 章 12.2 Listbox 列表框组件的使用
choices = ["car", "bike", "bus"]                    # 定义一个列表
choicesvar = StringVar(value = choices)             # 将列表附加到 StringVar 中
l = Listbox(root, listvariable = choicesvar)        # 定义列表组件
```

```
choices.append("plane")      ♯追加列表内容
choicesvar.set(choices)      ♯刷新窗口列表组件中的内容
```

在上面的示例中定义了一个列表,将列表附加到 StringVar 类实例中,然后定义了一个列表框,列表框架中的内容为 StringVar 类中的内容。StringVar 类实例中内容的变化会同步影响到列表框中的内容显示,如图 12-5 所示。

图 12-5 列表框

（5）Frame 容器。Frame 组件是一个用于组织和管理其他控件的容器,里面可以包含其他的组件,如按钮、文本框等。通过它们的组合创建更复杂的用户界面。使用 Frame 容器,代码如下:

```
frame = ttk.Frame(parent)
```

其中,parent 表示它所在的父窗口。

12.3 事件处理

5min

将用户对软件的操作统称为事件,例如鼠标单击按钮、键盘输入文本及窗口管理器触发的重绘等。在 Tkinter 中,事件处理是通过绑定事件处理函数实现的。对事件的处理步骤如下。

（1）定义事件处理函数:首先,需要定义一个函数来处理特定的事件。该函数将接收一个事件对象作为参数,可以在函数中编写处理事件的逻辑,代码如下:

```
def button_click(event):
    print("Button clicked!")
```

（2）绑定事件处理函数:在创建或配置 Tkinter 组件时,使用 bind()方法将事件和事件处理函数绑定在一起。需要指定要绑定的事件类型和相应的事件处理函数,代码如下:

```
button = tkinter.Button(root, text = "Click Me")
button.bind("< Button - 1 >", button_click)
```

在上述示例中,创建了一个按钮组件,并将按钮的左键单击事件(< Button-1 >)与

button_click 函数进行了绑定。

（3）处理事件：当用户触发绑定的事件时，相应的事件处理函数将被调用。可以在事件处理函数中编写任何逻辑来响应事件，代码如下：

```
def button_click(event):
    print("Button clicked!")
    ♯其他事件处理逻辑
```

在上述示例中，当按钮被单击时，事件处理函数将打印出"Button clicked!"消息。事件处理函数的参数可以是任意名称的，但通常习惯上使用 event 作为参数名。

事件类型使用字符串表示，例如< Button-1 >表示左键单击事件，< Double-1 >表示双击事件，< Key >表示键盘事件等。可以为同一个组件的多个事件绑定不同的事件处理函数。

通过编写事件处理函数，可以根据需要响应不同的用户交互操作，从而实现更丰富和交互性的桌面窗口应用程序。

▷ 4min

12.4 布局方式

Tkinter 主要提供了 3 种布局方式：Pack、Grid 和 Place。Pack 布局是一种将组件按照一定的顺序依次排列的布局方式。Grid 布局表示网格布局方式。Place 布局允许使用绝对坐标来指定控件的位置和大小。可以直接设置控件的 x 坐标和 y 坐标，以及宽度和高度。

12.4.1 Pack 布局

在 Tkinter 中，Pack 布局是一种将组件按照一定的顺序依次排列的布局方式，类似于 HTML 中的流式布局，组件需要 pack 方法才能显示在屏幕上。通过调整 pack 方法的参数，可以控制标签组件的位置和大小。例如，可以使用 padx 和 pady 参数控制标签之间的间距，使用 side 参数指定组件的对齐方式。side 参数可选的值有以下几种。

（1）'left'：将组件对齐到容器的左侧。

（2）'right'：将组件对齐到容器的右侧。

（3）'top'：将组件对齐到容器的顶部。

（4）'bottom'：将组件对齐到容器的底部。

默认值为'top'，表示将组件对齐到容器的顶部。通过指定不同的 side 值，可以控制组件在容器中的对齐方式，以满足布局需求。将组件对齐到容器的左侧的布局方式的代码如下：

```
label.pack(side = "left", padx = 5, pady = 5)
name.pack(side = "left", padx = 5, pady = 5)
```

这两个组件显示在一行，其中 label 为左边的标签，name 为右边的输出文本框。它们默认左对齐，并且上下左右边距都为 5。

12.4.2　Grid 布局

在 Tkinter 中，Grid 布局是一种将组件按照网格的形式排列的布局方式。通过调整 grid 方法的参数，可以控制按钮组件的位置和大小。例如，使用 row 和 column 参数来指定按钮所在的行和列、使用 rowspan 和 columnspan 参数来控制按钮跨越的行数和列数、使用 padx 和 pady 参数来控制按钮与网格单元格边缘之间的间距。通过这些参数的组合实现更复杂的布局方式。

以下的示例演示了如何使用 Grid 布局在窗口中添加 4 个按钮组件，代码如下：

```python
#第 12 章 12.4 使用 Grid 布局在窗口中添加 4 个按钮组件
import tkinter as tk

#创建主窗口
root = tk.Tk()
root.title("Grid 布局示例")

#创建按钮组件
button1 = tk.Button(root, text = "按钮 1")
button2 = tk.Button(root, text = "按钮 2")
button3 = tk.Button(root, text = "按钮 3")
button4 = tk.Button(root, text = "按钮 4")

#将按钮组件添加到窗口中,使用 grid 方法指定布局参数
button1.grid(row = 0, column = 0)
button2.grid(row = 0, column = 1)
button3.grid(row = 1, column = 0)
button4.grid(row = 1, column = 1)

#运行主循环,显示窗口和组件
root.mainloop()
```

在上面的示例中，首先创建了一个主窗口（root），然后创建了 4 个按钮组件（button1、button2、button3 和 button4）。接下来，使用 grid 方法将每个按钮组件添加到窗口中，并指定它们的行和列位置。最后，运行主循环，显示主窗口和里面的各个组件，如图 12-6 所示。

图 12-6　使用 Grid 实现布局

在上面的示例中按钮可以被替换成 Frame 容器，在 Frame 容器中再加入其他的组件，这样可以实现更复杂的布局方式。Grid 是 Tkinter 中可用的几种几何管理器之一，其强大的功能、灵活性和易用性使其成为通用的最佳选择，它的约束模型与当今依赖组件对齐的布局非常吻合。

12.5　综合案例

【综合案例 12-1】　简单的组件显示及布局。

使用 Tkinter 创建一个窗口，在窗口中，最上面一排依次为标签、单行文本框和按钮。

当单击按钮时，在下面的多行文本框中出现"hello"文本，如图 12-7 所示。

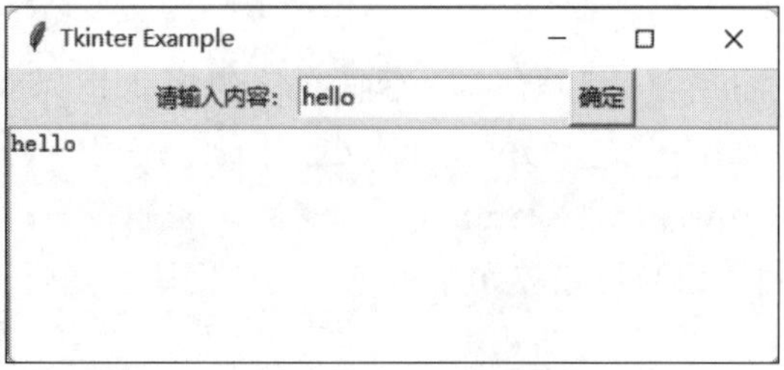

图 12-7　简单的组件显示及布局

第 1 步，导入 Tkinter 模块，代码如下：

```
import tkinter as tk
```

第 2 步，创建主窗口，包含窗口的标题和窗口的宽度和高度，代码如下：

```
root = tk.Tk()                    ♯创建主窗口
root.title("Tkinter Example")     ♯设置窗口标题
root.geometry("400x300")          ♯设置窗口的宽度和高度
```

第 3 步，定义 on_button_click()函数，这个函数的功能为先将文本框内的内容清除，再在文本框中添加输出的内容。delete(1.0,tk.END)表示删除的内容为从索引为 1 的位置直到最后。insert(tk.END, "Hello,world!")表示在文本框的最后添加输入的内容，代码如下：

```
def on_button_click():
    text_box.delete(1.0, tk.END)              ♯清空文本框内容
    text_box.insert(tk.END, "Hello, world!")  ♯插入文本
```

第 4 步，创建按钮，并将按钮加入主窗口中。按钮上的文本为"Click me！"。当单击按钮时，则会产生一个单击事件。这个单击事件调用 on_button_click 函数来执行相关操作。Pack()方法控制按钮组件在父窗口中的显示位置，代码如下：

```
♯创建按钮,并绑定 on_button_click 函数
button = tk.Button(root, text = "Click me!", command = on_button_click)
button.pack()       ♯将按钮添加到主窗口,并将布局方式设置为 pack
```

第 5 步，创建文本框，并将文本框添加到主窗口中，代码如下：

```
text_box = tk.Text(root)      ♯创建文本框
text_box.pack()               ♯将文本框添加到主窗口,并将布局方式设置为 pack
```

第 6 步，运行主循环，代码如下：

```
root.mainloop()
```

在 Python 的 Tkinter 库中，mainloop 是一种方法，用于启动应用程序的事件循环。Tkinter 是一个用于创建 GUI 的库，而事件循环是 GUI 程序的核心，它负责处理各种事件，

如按钮单击事件、键盘输入事件等。当在 Tkinter 中创建了一个 GUI 程序后,通常需要调用 mainloop 方法来启动这个程序。一旦 mainloop 被调用,程序就会进入一个事件循环,等待并处理各种用户交互事件。

简单的组件显示及布局的完整源程序如下:

```
♯第 12 章 12.5 简单的组件显示及布局
from tkinter import *
import tkinter as tk

def on_button_click():
    text_box.insert(tk.END, name.get())        ♯插入文本
    username.set("")                           ♯清空文本框内容

root = tk.Tk()                                 ♯创建主窗口
root.title("Tkinter Example")                  ♯设置窗口标题

frame = tk.Frame(root)

label = tk.Label(frame, text = '请输入内容:')
label.pack(side = tk.LEFT)

username = StringVar()
name = tk.Entry(frame, textvariable = username)
name.pack(side = tk.LEFT)

♯创建按钮,并绑定 on_button_click 函数
button = tk.Button(frame, text = "Click me!", command = on_button_click)
button.pack(side = tk.LEFT)                     ♯将按钮添加到主窗口,并将布局方式设置为 pack

frame.pack()

text_box = tk.Text(root)                        ♯创建文本框
text_box.pack()                                 ♯将文本框添加到主窗口,并将布局方式设置为 pack

root.mainloop()                                 ♯运行主循环,监听事件并响应用户操作
```

在这个示例代码中,首先导入 Tkinter 模块,并定义了一个名为 on_button_click 的函数。这个函数用于清空文本框内容,并向文本框中插入一段文本。

然后使用 tk.Tk()函数创建一个主窗口对象,并使用 title()方法设置窗口标题。创建一个框架 frame,用于容纳标签、单行文本框和按钮。单行文本框对象用于接收用户输入的内容。

接着,使用 tk.Button()函数创建一个按钮对象,并使用 command 参数绑定 on_button_click 函数。我们使用 pack()方法将按钮添加到主窗口,并将布局方式设置为 pack。

最后,使用 tk.Text()函数创建一个文本框对象,并使用 pack()方法将文本框添加到主窗口,并将布局方式设置为 pack,然后使 mainloop()方法运行主循环,监听事件并响应用户操作。

▶ 7min

【综合案例 12-2】 音乐播放器。

实现功能为程序启动时会要求选择一个音乐文件夹。将音乐文件夹中的所有文件读取到列表中，如图 12-8 所示。

图 12-8　选择音乐文件夹

当选择音乐文件夹后，会进入主界面。界面主要包括播放、暂停、停止 3 个按钮和一个包含音乐名称的列表。选中音乐列表中的一首歌，单击"播放"按钮可以播放歌曲。双击列表中的歌曲可以直接播放音乐，如图 12-9 所示。

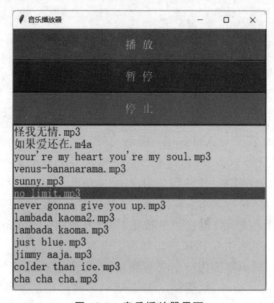

图 12-9　音乐播放器界面

音乐播放器的完整源程序如下：

```
#第12章 12.5 音乐播放器的制作
#导入 os 库
import os
#导入 pygame 库
import pygame
#导入 tkinter 库
import tkinter as tkr
#使用 tkinter 库中的 askdirectory 函数创建一个对话框,用于选择音乐文件所在的文件夹
from tkinter.filedialog import askdirectory

#单击调用播放音乐函数
def on_click(event):
    play()

#播放音乐功能
def play():
    pygame.mixer.music.load(play_list.get(tkr.ACTIVE))
    pygame.mixer.music.set_volume(0.5)
    pygame.mixer.music.play(-1, 0)
#音乐暂停功能
def pause():
    pygame.mixer.music.pause()

#音乐停止功能
def stop():
    pygame.mixer.music.stop()

music_player = tkr.Tk()
music_player.title("音乐播放器")
music_player.geometry("450x450")

directory = askdirectory()              #打开选择文件夹对话框
os.chdir(directory)                     #转到选择的文件夹
song_list = os.listdir()                #得到选择的文件夹中的所有文件
play_list = tkr.Listbox(music_player, font="宋体", bg='yellow', selectmode=tkr.SINGLE)
  #selectmode 表示选择方式,tkr.SINGLE 表示单选
for item in song_list:                  #将所有的文件列表添加到列表框中
    pos = 0
    play_list.insert(pos, item)

#绑定鼠标左键双击事件,"<Button-1>"是鼠标左键双击事件的标识符
play_list.bind("<Double-1>", on_click)

pygame.init()                           #pygame 的初始化
pygame.mixer.init()                     #pygame 中音乐的初始化

play_button = tkr.Button(music_player, height=3, font="宋体",
```

```
                                    text = "播 放", command = play, bg = "green", fg = "white")

pause_button = tkr.Button(music_player, height = 3, font = "宋体",
                                    text = "暂 停", command = pause, bg = "purple", fg = "white")

stop_button = tkr.Button(music_player, height = 3, font = "宋体",
                                    text = "停 止", command = stop, bg = "red", fg = "white")

play_button.pack(fill = "x")                          ♯fill = "x"表示横向填充
pause_button.pack(fill = "x")
stop_button.pack(fill = "x")
play_list.pack(fill = "both", expand = 1)            ♯双向填充,自动扩展上下左右空间
music_player.mainloop()
```

使用 GUI 编程可以创建富有吸引力和交互性的应用程序,它们可以为用户提供直观和易用的界面,从而提高用户体验。

12.6　实训作业

利用 Tkinker 库,实现一个功能窗口。例如登录窗口,在此窗口中可以包含用户名文本框、密码文本框、提交按钮和取消按钮等。

第 13 章

CHAPTER 13

Pygame 游戏编程

13.1　Pygame 介绍

▶ 3min

通过设计一个游戏来学习 Python 语言，对于初学者来讲，更具有意义。Pygame 是一个 Python 扩展库，始于 2000 年夏天，它封装了与 SDL 相关的库。SDL（Simple DirectMedia Layer）是一套开放源代码的跨平台多媒体开发库，使用 C 语言写成。SDL 提供了多种控制图像、声音、输入、输出的函数，让开发者只用相同或相似的代码就可以开发出跨多个平台（Linux、Windows、Mac OS X 等）的应用软件。相比于开发 3D 游戏而言，Pygame 更擅长开发 2D 游戏，例如飞机大战、贪吃蛇、扫雷等游戏。

Pygame 中的主要模块见表 13-1。

表 13-1　Pygame 中的主要模块

模　　块	含　　义
cursors	加载光标图像，包括标准光标
display	控制显示窗口或屏幕
draw	在表面上绘制简单的图形
event	管理事件和事件队列
font	创建和渲染 TrueType 字体
image	保存和加载图像
joystick	管理游戏操纵杆设备
key	管理键盘的输入
mouse	管理鼠标的输入
time	控制时间
transform	缩放、旋转和翻转图像

可以在已安装了 Python 语言的环境中，打开 cmd 命令行工具，输入以下命令来安装 Pygame 第三方扩展库。

```
pip install pygame
```

安装完成后，在 cmd 命令行工具中依次输入以下命令。

```
python
import pygame
```

通过检查 Pygame 版本，来验证 Pygame 是否安装成功，如图 13-1 所示。

```
C:\Windows\System32\cmd.exe - python                              —    □    ×

D:\>python
Python 3.8.10 (tags/v3.8.10:3d8993a, May  3 2021, 11:48:03) [MSC v.192
8 64 bit (AMD64)] on win32
Type "help", "copyright", "credits" or "license" for more information.

>>> import pygame
pygame 2.5.2 (SDL 2.28.3, Python 3.8.10)
Hello from the pygame community. https://www.pygame.org/contribute.htm
l
```

图 13-1　检测 Pygame 是否安装成功

从图 13-1 所知，相关软件已被成功地安装在本机，其中 Python 的版本号为 3.8.10，Pygame 的版本号为 2.5.2。

13.2　第 1 个 Pygame 程序

可以使用 Pygame 实现一个窗口，实现步骤如下。

（1）导入 Pygame 包，代码如下：

```
import pygame
```

（2）游戏初始化，初始化所有导入的 Pygame 模块，代码如下：

```
pygame.init()
```

（3）设置窗口的大小，代码如下：

```
size = width, height = 600, 400
window = pygame.display.set_mode(size)
```

在上面的代码中，600 为窗口的宽度，400 为窗口的高度。变量 window 代表这个窗口对象。

（4）设置窗口的标题，代码如下：

```
pygame.display.set_caption("my game")
```

（5）设置窗口的背景色，代码如下：

```
black = 0, 0, 0
window.fill(black)
```

其中，0，0，0 代表三原色（红、绿、蓝）的组合。第 1 个 0 表示红色，第 2 个 0 表示绿色，第 3

个 0 表示蓝色,每个值的范围为 0~255。

(6) 刷新窗口,代码如下:

```
pygame.display.flip()
```

其中,flip 方法表示刷新整个窗口。

在上面的代码中,实现的功能是在屏幕上显示窗口,但是窗口只是在屏幕上一闪而过。

(7) 增加死循环和事件功能,代码如下:

```
while True:
    for event in pygame.event.get():
            #如果关闭窗口,则退出程序
            if event.type == pygame.QUIT:
                sys.exit()
```

代码 for event in pygame. event. get()表示得到所有的事件。代码 if event. type ==
pygame. QUIT 表示判断事件的类型是否为退出事件,实现的功能为判断用户是否单击了
窗口的关闭按钮。代码 sys. exit()表示终止程序执行,退出系统。

显示一个简单窗口的完整源程序代码如下:

```
#第 13 章 13.1 使用 Pygame 显示一个简单的窗口
#导入 Pygame 包
import pygame

#游戏的初始化
pygame.init()
size = width, height = 600, 400
#设置窗口的大小,宽为 600,高为 400
window = pygame.display.set_mode(size)
#设置窗口的标题
pygame.display.set_caption("my game")
#设置窗口的背景色
black = 0, 0, 0
#使用黑色填充窗口
window.fill(black)
#刷新屏幕
pygame.display.flip()
#循环监听玩家的操作
while True:
    #监听事件,处理游戏事件,更新游戏状态
    for event in pygame.event.get():
        #如果关闭窗口,则退出程序
        if event.type == pygame.QUIT:
            exit()
```

运行结果如图 13-2 所示。

图 13-2　使用 Pygame 显示一个窗口

▶ 5min

13.3　图形的绘制

在 Pygame 中，可以实现图形的绘制。在屏幕上绘图时，使用的坐标和数学上的坐标不一样。在屏幕的左上角为坐标原点(0,0)的位置，向左为 x 坐标，向下为 y 坐标，向下和向右的值会越来越大，如图 13-3 所示。

Pygame 颜色的显示可以通过红、绿、蓝这三种颜色的组合方式来显示各种颜色。如 (255,0,0)，则表示显示红色，其中值的范围为 0～255。

通过图形绘制可以绘制出直线、四边形、圆、椭圆、多边形、圆弧、多条连续的直线等。以下为它们的语法及说明。

（1）直线的画法见表 13-2。

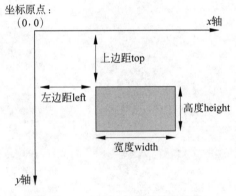

图 13-3　Pygame 中的坐标及位置

表 13-2　直线的画法

语法	line(surface, color, start_pos, end_pos, width＝1)
参数说明	其中 surface 表示当前窗口对象，color 表示颜色种类，start_pos 表示参数的开始位置，end_pos 表示直线的结束位置，width 表示直线的宽度，默认值为 1
示例代码	pygame. draw. line(window, (0, 255, 0), (50, 50), (450, 400), 10)
含义	window 代表当前窗口对象，(255,0,0)代表窗口的颜色，此处为红色，(50,50)，(450,400)代表直线的起始位置和结束位置，10 表示直线的宽度

（2）四边形的画法见表13-3。

表 13-3 四边形的画法

语法	rect(surface, color, rect, width＝0)
参数说明	surface 表示当前窗口对象,color 表示颜色,rect 表示四边形,如果 width 值为 0,则表示填充整个四边形,如果 width 值大于 0,则表示四边形的线宽,默认为 0
代码	pygame.draw.rect(window,(255,0,255),(50,100,300,260),5)
代码含义	在起点为(50,100)的位置画了一个宽度为 300,高度为 260,线宽为 5 的四边形,颜色为紫色

其中,参数 rect 有两种表现方式,Rect(left, top, width, height)使用一个元组参数表示四边形的位置,以及宽度和高度。Rect((left, top),(width, height))使用两个元组参数表示位置和大小。

（3）圆的画法见表13-4。

表 13-4 圆的画法

语法	circle(surface, color, center, radius, width＝0)
参数说明	surface 表示当前窗口对象,color 表示颜色,center 表示圆心的位置,radius 表示圆的半径。如果 width 值为 0,则表示填充整个圆,如果 width 值大于 0,则表示圆的线宽,默认为 0
代码	pygame.draw.circle(window,(0,0,255),(200,100),90,0)
代码含义	在圆心为(200,100)的位置画了一个半径为 90 的实心圆

（4）椭圆的画法见表13-5。

表 13-5 椭圆的画法

语法	ellipse(surface, color, rect, width＝0)
参数说明	surface 表示当前窗口对象,color 表示颜色,rect 表示椭圆的宽度和高度所对应的四边形。如果 width 值为 0,则表示填充整个椭圆,如果 width 值大于 0,则表示椭圆的线宽,默认为 0
代码	pygame.draw.ellipse(window,(255,0,0),(100,250,200,100),5)
代码含义	在中心为(100,250)的位置画了一个宽度为 200,高度为 100,线宽为 5 的椭圆,颜色为红色

（5）多边形的画法见表13-6。

表 13-6 多边形的画法

语法	polygon(surface, color, points, width＝0)
参数说明	surface 表示当前窗口对象,color 表示颜色,points 表示多边形对应的多个点。如果 width 值为 0,则表示填充整个多边形,如果 width 值大于 0,则表示四边形的宽度,默认为 0
代码	pygame.draw.polygon(window,(255,255,0),((400,100),(400,200),(450,200),(450,50)),3)
代码含义	在点为(400,100),(400,200),(450,200),(450,50)的位置画了一个多边形,线宽为 3,颜色为黄色

（6）圆弧的画法见表 13-7。

表 13-7　圆弧的画法

语法	arc(surface, color, rect, start_angle, stop_angle, width=1)
参数说明	surface 表示当前窗口对象, color 表示颜色, start_angle 和 stop_angle 表示以弧度为单位的初始角度和最终角度。如果 width 值为 0, 则表示填充整个圆弧, 如果 width 值大于 0, 则表示圆弧的线宽, 默认为 0
代码	pygame.draw.arc(window,(255,255,255),(100,100,100,100),0,3.14/2)
代码含义	在中心为(100,100)且宽度和高度都为 100 的位置画了一个初始角度为 0, 最终角度为 3.14/2 的圆弧, 圆弧的颜色为白色

图形的画法类似, 示例源程序的代码如下:

```
♯第 13 章 13.2 Pygame 中各种图形的画法
import pygame

♯初始化
pygame.init()
♯设置主屏幕大小
size = (500, 450)
window = pygame.display.set_mode(size)
♯设置标题
pygame.display.set_caption("绘制图形")
♯绘制 1 条宽度为 10 的绿色线段, 起点为(50, 50), 终点为(450, 400)
pygame.draw.line(window, (0, 255, 0), (50, 50), (450, 400), 10)
♯绘制起点为(50,100), 宽度为 300, 高度为 260, 线宽为 5 的四边形
pygame.draw.rect(window,(255,0,255),(50,100,300,260),5)
♯绘制圆心为(200,100), 半径为 90 的圆
pygame.draw.circle(window,(0,0,255),(200,100),90,0)
♯绘制中心为(100,250), 宽度为 200, 高度为 100 的椭圆
pygame.draw.ellipse(window,(255,0,0),(100,250,200,100),5)
♯绘制点为(400,100),(400,200),(450,200),(450,50)的多边形
pygame.draw.polygon(window,(255,255,0),((400,100),(400,200),
                                        (450,200),(450,50)),3)
♯绘制起始位置为(100,100), 宽度和高度都为 100, 开始角度为 0, 结束角度为 3.14/2 的圆弧
pygame.draw.arc(window,(255,255,255),(100,100,100,100),0,3.14/2)

♯刷新屏幕显示内容
pygame.display.flip()

while True:
    for event in pygame.event.get():
        if event.type == pygame.QUIT:
            ♯单击关闭, 退出 Pygame 程序
            exit()
```

实现的效果如图 13-4 所示。

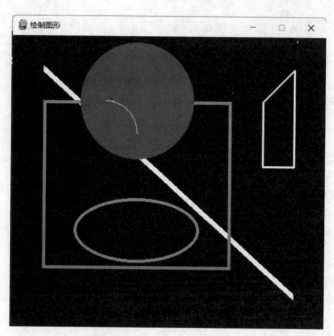

图 13-4 各种图形的实现效果

13.4 图像的显示

▷ 5min

如何在窗口中显示一张图片,关键代码及步骤如下。

(1) 通过 image.load 方法加载图片,代码如下:

```
image = pygame.image.load("../images/1.png")
```

其中,image 变量为返回的图片对象,load 方法用于加载图片的位置及名称...表示上一层文件夹,"../images/1.png"表示上一层文件夹中的 images 文件夹中的 1.png 图片。

(2) 渲染图片,设置图片的显示位置,代码如下:

```
rect = window.blit(image,(0,0))
```

其中,blit 方法表示图片对象所在的位置,此处为(0,0)。返回的类型为 Rect,存储着图片所在的位置、坐标等信息。

(3) 刷新窗口,显示内容,代码如下:

```
pygame.display.update()
```

其中,update 方法表示局部刷新窗口,显示内容。

完整源程序的代码如下:

```
#第 13 章 13.3 图像的显示
import pygame

#初始化
pygame.init()
#设置主屏幕大小
size = (300, 250)
window = pygame.display.set_mode(size)
#设置标题
pygame.display.set_caption("显示图像")
#刷新屏幕以显示内容
pygame.display.flip()

#加载图片
image = pygame.image.load("../images/1.png")
#在坐标为(0,0)的位置显示图像
rect = window.blit(image,(0,0))
#局部刷新,以显示图像内容
pygame.display.update()

while True:
    for event in pygame.event.get():
        if event.type == pygame.QUIT:
            #单击关闭,退出 Pygame 程序
            exit()
```

显示的效果如图 13-5 所示。

图 13-5　图像的显示

由于窗口或图片对象 Rect 保存着四边形窗口或图形的坐标,所以可用于设置图像的位置或移动图像,其中 Rect 常用的属性如下：

```
x,y
top, left, bottom, right
topleft, bottomleft, topright, bottomright
midtop, midleft, midbottom, midright
```

```
center, centerx, centery
size, width, height
w,h
```

修改指定的大小、宽度或高度会更改矩形的尺寸；其他赋值可能会设置矩形的位置而不调整其大小。注意，有些属性值是整数，而另一些则是整数对。

例如将图片显示在窗口的底部中心位置，代码如下：

```
#第13章 13.4 将图像显示在窗口的底部中心位置
import pygame
import sys

#初始化
pygame.init()
#设置主屏幕大小
size = (500, 450)
window = pygame.display.set_mode(size)
#设置标题
pygame.display.set_caption("显示图像")
#刷新屏幕显示内容
pygame.display.flip()

image = pygame.image.load("../images/1.png")
window_rect = window.get_rect()                  #得到窗口的位置对象
image_rect = image.get_rect()                    #得到图像的位置对象
image_rect.midbottom = window_rect.midbottom     #将窗口的中间下部值赋值给图像
rect = window.blit(image, image_rect)            #在指定位置显示图像
pygame.display.update()

while True:
    for event in pygame.event.get():
        if event.type == pygame.QUIT:
            #单击关闭，退出 Pygame 程序
            sys.exit()
```

上述关键代码的含义如下。

（1）image＝pygame.image.load("../images/1.png")：加载位于../images/1.png 路径下的图像文件，并将其存储在变量 image 中。

（2）window_rect＝window.get_rect()：获取窗口的矩形区域（窗口的大小和位置），并将其存储在变量 window_rect 中。

（3）image_rect＝image.get_rect()：获取图像的矩形区域（图像的大小和位置），并将其存储在变量 image_rect 中。

（4）image_rect.midbottom＝window_rect.midbottom：将图像的底部中央位置设置为窗口的底部中央位置。

（5）rect＝window.blit(image,image_rect)：将图像绘制到窗口上，位置由 image_rect 指定。

（6）pygame.display.update()：更新屏幕上显示的图像，以确保绘制的图像显示出来。位置在底部居中，显示的效果如图 13-6 所示。

图 13-6　图片在底部中心显示

13.5　图像或图形的移动和变形

（1）图像的翻转可以实现左右或上下翻转，语法及示例见表 13-8。

表 13-8　图像的翻转语法及示例

语法	flip(surface, flip_x, flip_y)
含义	表示 flip_x 水平或 flip_y 垂直翻转
代码示例	image4＝pygame.transform.flip(image1,False,True) window.blit(image4,(300,0))
代码含义	实现图像的垂直翻转，翻转图像显示的位置为(300,0)

完整的示例源程序的代码如下：

```
# 第 13 章 13.5 Pygame 中图像的翻转
import pygame

pygame.init()
size = (500, 450)
window = pygame.display.set_mode(size)
pygame.display.set_caption("显示图像")
```

```
image = pygame.image.load("../images/1.png")
rect = window.blit(image,(0,0))
# 实现图像的垂直翻转
image4 = pygame.transform.flip(image,False,True)
# 在坐标(300,0)的位置显示图像
window.blit(image4,(300,0))

pygame.display.update()

while True:
    for event in pygame.event.get():
        if event.type == pygame.QUIT:
            # 单击关闭,退出 Pygame 程序
            exit()
```

实现的效果如图 13-7 所示。

图 13-7　图片的翻转

在图 13-7 中,左边在(0,0)位置显示的是原图像,右边在坐标(300,0)位置显示的是翻转后的图像。

（2）图像放大或缩小的语法及示例见表 13-9。

表 13-9　图像放大或缩小的语法及示例

语法	scale(surface, size)
含义	表示图片的宽度和高度可以变形为 size 相应的大小
代码示例	image2＝pygame.transform.scale(image1,(50,100)) window.blit(image2,(100,300))
代码含义	将图像的宽度重新设置为 50,将高度设置为 100

由于源代码与上例中的代码类似,所以此处略。实现的效果如图 13-8 所示。

图 13-8　图像的放大或缩小

图 13-8 中,左边为在(0,0)位置显示的原图像,右边为在坐标(100,300)位置显示的缩小后的图像。

（3）图像的旋转语法及示例见表 13-10。

表 13-10　图像的旋转语法及示例

语法	rotate(surface, angle)
含义	图片的旋转,参数 surface 代表图片,angle 表示旋转的角度
代码示例	image2＝pygame. transform. rotate(image1,90)window. blit(image2,(300,0))
代码含义	图像将会逆时针旋转 90°

由于源代码与上例中的代码类似,所以此处略。实现的效果如图 13-9 所示。

图 13-9　图片的旋转

图 13-9 中,左边为在坐标(0,0)的位置显示的原图像,右边为在(300,0)的位置逆时针
旋转 90°后的图像。

6min

13.6 图像的移动

可以通过图片位置的变化实现玩家在屏幕中上下反复循环移动的效果,代码如下:

```
♯第 13 章 13.6 使用 Pygame 实现图片的移动
import pygame
pygame.init()
clock = pygame.time.Clock()
window = pygame.display.set_mode((600,400))
pygame.display.set_caption("my game")
♯加载背景图片
bg_image = pygame.image.load("../images/bg.png")
window.blit(bg_image,(0,0))
♯加载玩家图片
player1 = pygame.image.load("../images/player1.gif")
y = 0                        ♯定义初始化纵坐标变量
window.blit(player1,(300,y))
pygame.display.flip()
i = 1                        ♯定义移动变量
while True:
    ♯加载背景图片
    window.blit(bg_image,(0,0))
    ♯加载玩家图片
    window.blit(player1,(300,y))
    ♯实现局部刷新
    pygame.display.update()
    y = y + i                ♯每次刷新位置的值变化
    if y > 340 or y < 0:     ♯边界的判断
        i = - i              ♯如果到达上下边界,则返回
    for event in pygame.event.get():
        if event.type == pygame.QUIT:
            exit()
    clock.tick(60)
```

在上面的程序中,首先定义纵坐标变量 y 和位置变化变量 i。随着时间的变化,每次根
据变量 i 的值来修改纵坐标 y 的值。刷新屏幕,图像的位置也被定义并显示在新的位置。
实现的效果如图 13-10 所示。

图 13-10　图片的上下移动

2min

13.7　事件的处理

Pygame 会接受用户的各种操作（或事件），这些操作会随时产生事件，事件模块是 Pygame 的重要模块之一，它是构建整个游戏程序的核心。常见的事件有单击鼠标、敲击键盘、移动游戏窗口、调整窗口大小、触发特定的情节、退出游戏等。

常见的事件类型见表 13-11。

表 13-11　Pygame 事件类型

事 件 类 型	描　述	成 员 属 性
QUIT	用户按下窗口的关闭按钮	none
ACTIVEEVENT	Pygame 被激活或者隐藏	gain，state
KEYDOWN	按下键盘	key，mod，unicode，scancode
KEYUP	放开键盘	key，mod，unicode，scancode
MOUSEMOTION	移动鼠标	pos，rel，buttons，touch
MOUSEBUTTONDOWN	按下鼠标	pos，button，touch
MOUSEBUTTONUP	放开鼠标	pos，button，touch
JOYAXISMOTION	移动游戏手柄（Joystick or pad）	joy，axis，value
JOYBALLMOTION	移动游戏球（Joy ball）	joy，axis，value
JOYHATMOTION	移动游戏手柄（Joystick）	joy，axis，value
JOYBUTTONDOWN	按下游戏手柄	joy，button
JOYBUTTONUP	放开游戏手柄	joy，button

续表

事 件 类 型	描　　述	成 员 属 性
VIDEORESIZE	缩放 Pygame 窗口	size,w,h
VIDEOEXPOSE	Pygame 窗口部分公开(expose)	none
USEREVENT	触发一个用户事件	事件代码

Pygame 通过事件队列处理所有事件消息。事件的处理方法是通过 pygame.event.get()
方法从事件队列中获取一个事件，并从队列中删除该事件。得到这个事件后，可以对这个事
件进行处理。

13.7.1　键盘事件

2min

6min

键盘事件涉及大量的按键操作，如按下、松开、一直按住不放等。另外游戏中的人物的
前进、后退等操作都需要键盘来配合实现。键盘事件提供了一个 key 属性，通过该属性可
以获取键盘的按键对应的 ASCII 数字，如字母 a 对应的数字为 97。type 属性可以得到键盘
的事件类型。常用的键盘事件类型如表 13-10 所示。

完整的示例源代码如下：

```
♯第13章 13.7 键盘事件的处理
import pygame

pygame.init()
window = pygame.display.set_mode((600,400))
pygame.display.set_caption("my game")

pygame.display.flip()

while True:
    ♯等待事件发生
    for event in pygame.event.get():
        if event.type == pygame.QUIT:
            exit()
        ♯键盘事件
        if event.type == pygame.KEYDOWN:
            ♯打印按键的英文字符
            print('键盘按下',chr(event.key),"对应的数字为",event.key)
        ♯另一种处理方式
        if event.type == pygame.KEYDOWN:
            if event.key == pygame.K_UP:
                print("按下的为 up 键")
        if event.type == pygame.KEYUP:
            print('键盘弹起')
```

当在窗口中按下字母 a 键时，在控制台上显示的效果如图 13-11 所示。

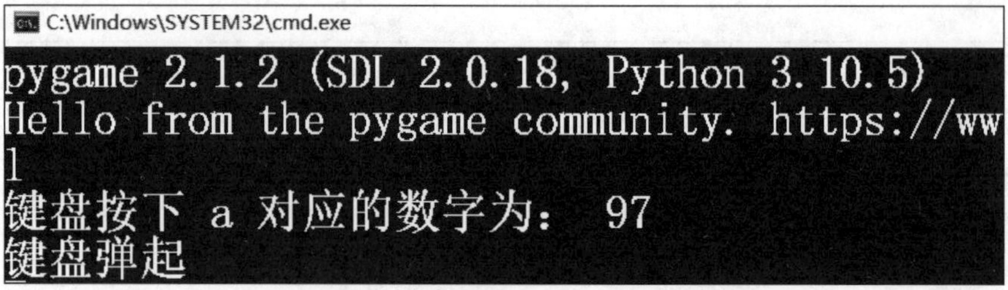

> **图 13-11　键盘事件的测试**

在 Pygame 中使用 pygame.event.get()方法捕获键盘事件,使用这种方法捕获的键盘事件必须是按下再弹起才算一次,代码如下:

```
if event.type == pygame.KEYDOWN:  # 如果键盘被按下
        # 具体是哪一个按键的处理
        if event.key == pygame.K_LEFT:
                print("按下左键")
```

在 Pygame 中,可以使用 pygame.key.get_pressed()来返回所有按键元组。在元组中判断出哪个键被按下,如果按住这个键一段时间再松手,则表示连续重复的按键操作,代码如下:

```
mykeyslist = pygame.key.get_pressed()          # 获取按键元组信息
        if mykeyslist[pygame.K_RIGHT]:         # 如果按键被按下
                print("按下了方向右键")
```

效果如图 13-12 所示。

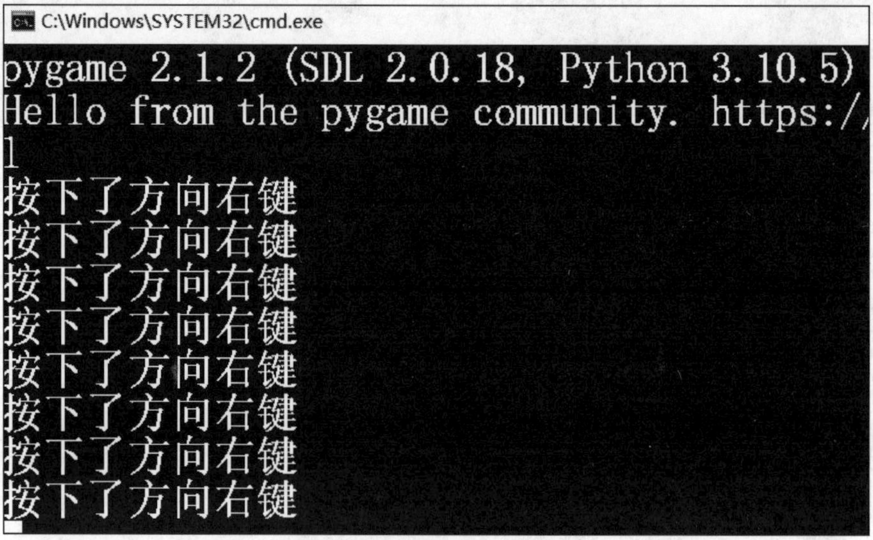

> **图 13-12　连续按键的测试**

可以使用键盘事件实现图片的上下左右移动,代码如下:

```
#第 13 章 13.8 使用键盘事件实现图片的上下左右移动
import pygame

#初始化 Pygame
pygame.init()
#设置屏幕的宽度和高度
size = width, height = 600, 400
#创建一个主窗口
screen = pygame.display.set_mode(size)
#标题
pygame.display.set_caption("移动的图片")
bg = (255, 255, 255)
#加载 logo 图
img = pygame.image.load('../images/1.png')
#获取图像的位置
position = img.get_rect()

#创建游戏主循环
while True:
    #设置初始值
    site = [0, 0]
    for event in pygame.event.get():
        if event.type == pygame.QUIT:
            exit()
        #图像移动 KEYDOWN 键盘按下事件
        #通过 key 属性对应按键
        if event.type == pygame.KEYDOWN:
            if event.key == pygame.K_UP:
                site[1] -= 8
            if event.key == pygame.K_DOWN:
                site[1] += 8
            if event.key == pygame.K_LEFT:
                site[0] -= 8
            if event.key == pygame.K_RIGHT:
                site[0] += 8
        #获取图像的位置
        position = position.move(site)
        #填充背景
        screen.fill(bg)
        #放置图片
        screen.blit(img, position)
        #更新显示界面
        pygame.display.update()
```

效果如图 13-13 所示。

图 13-13   通过键盘事件实现图片的移动

4min

13.7.2   鼠标事件

鼠标事件主要包括鼠标的按下、松开和鼠标的移动事件。从这些事件中可以获取鼠标的位置，以及具体按下的是哪一个按钮等信息，示例代码如下：

```
♯第 13 章 13.9 鼠标事件的演示
while True:
        ♯等待事件发生
        event = pygame.event.get()
                if event.type == pygame.QUIT:
                        exit()
                if event.type == pygame.MOUSEBUTTONDOWN:
                        print('鼠标按下的坐标点为',event.pos)
                if event.type == pygame.MOUSEBUTTONUP:
                        print('鼠标弹起')
                if event.type == pygame.MOUSEMOTION:
                        print('鼠标移动')
```

在上述代码中，可以通过变量 event.pos 得到位置信息。当进行移动鼠标或单击鼠标等操作时，效果如图 13-14 所示。

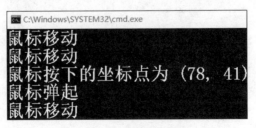

图 13-14   鼠标事件的测试

可以通过随机的颜色变化和鼠标的相关功能实现简单的画图功能，代码如下：

```
＃第13章 13.10 Pygame 中通过鼠标实现简单的画图功能
import pygame
import random

pygame.init()
window = pygame.display.set_mode((800,600))
pygame.display.set_caption("my game")
clock = pygame.time.Clock()
i = 0
while True:
    for event in pygame.event.get():
        if event.type == pygame.QUIT:
            exit()
        if event.type == pygame.MOUSEBUTTONDOWN:      ＃当按下时将变量 i 的值赋值为 1
            i = 1
        if event.type == pygame.MOUSEBUTTONUP:        ＃当松开时将变量 i 的值赋值为 0
            i = 0
        if event.type == pygame.MOUSEMOTION:          ＃当鼠标移动时,开始绘图
            if i == 1:
                r = random.randint(0,255)             ＃产生随机的颜色
                g = random.randint(0,255)
                b = random.randint(0,255)
    pygame.draw.circle(window,(r,g,b),event.pos,3,0)   ＃通过圆点绘图
    pygame.display.update()

    clock.tick(60)
```

在运行的窗口中,可以通过鼠标左键画出彩色的图像,如图 13-15 所示。

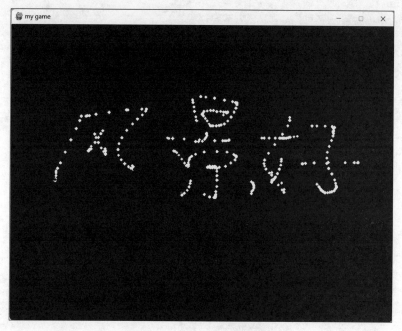

图 13-15 使用 Pygame 绘图

13.7.3　用户自定义事件

除了键盘事件和鼠标事件,pygame. USEREVENT 是一个在 Pygame 库中定义的常量,用于表示一个用户自定义事件。用户自定义事件允许开发者在游戏中创建并处理特定的事件,以实现更精细的控制和灵活性。

用户自定义事件常用于定时事件的产生,如间隔一段时间在屏幕的某个位置产生一个敌人。可以使用 pygame. time. set_timer 在特定时间间隔发布自定义事件。

（1）定义事件,代码如下:

```
ENEMY_ENEVT = pygame. USEREVENT + 1
```

（2）设置定时触发,每秒产生一次此事件,1000 代表 1000 毫秒,代码如下:

```
pygame. time. set_timer(ENEMY_ENEVT,1000)
```

（3）判断事件类型。如果是自定义事件类型,则执行相关操作,代码如下:

```
if event. type == ENEMY_ENEVT:
    print("自定义事件,每秒输出一次")
```

完整的示例源代码如下:

```
♯第 13 章 13.11 Pygame 中的自定义事件
import pygame

pygame. init()
window = pygame. display. set_mode((600,400))
pygame. display. set_caption("my game")
bg = (255,255,255)
window. fill(bg)
pygame. display. flip()
♯自定义事件
enemy_event = pygame. USEREVENT + 1
♯每秒产生一个事件,1000 代表 1000 毫秒
pygame. time. set_timer(enemy_event,1000)
clock = pygame. time. Clock()
while True:

    for event in pygame. event. get():
        if event. type == pygame. QUIT:
            exit()
        ♯判断事件类型是否为用户自定义事件,并处理
        if event. type == enemy_event:
            print("每秒产生一个敌人……")

    clock. tick(60)
```

上述代码将每隔一秒在屏幕上输出"每秒产生一个敌人……"

每秒产生一个敌人……
每秒产生一个敌人……
每秒产生一个敌人……
每秒产生一个敌人……

13.8　精灵和精灵组

在游戏中,精灵(Sprite)通常指的是游戏中的主角、宠物、助手等角色或物体,它们具有特殊的能力、属性或技能,可以帮助玩家完成任务、打败敌人或提供其他形式的支持。精灵组则是将同一类型的精灵放在一起进行管理。

13.8.1　精灵

在 Pygame 库中,Sprite 类是用于创建精灵(图像或角色)的主要类。Sprite 类具有多个属性,其中 image 和 rect 是两个重要的属性,用于控制精灵的视觉表现和位置。

image 属性用于存储精灵的图像。它是一个 Surface 对象,表示精灵的图像内容。可以使用 Pygame 的图像加载方法(如 pygame. image. load())来加载一个图像文件,并将其赋值给精灵的 image 属性。

rect 属性是一个矩形对象,用于表示精灵在游戏世界中的位置和大小。rect 属性允许我们方便地处理精灵的位置和碰撞检测。例如使用 rect. move()方法来移动精灵的位置,或者使用 rect. colliderect()方法来检测两个精灵是否发生了碰撞。

精灵对象可以在游戏的主循环中处理用户的输入和更新其状态,从而实现游戏中的各种交互和动画效果,因此,精灵是 Pygame 中实现游戏开发和动画效果的重要工具之一。

精灵类中的常用方法有以下几种。

(1) update():控制精灵的行为,更新其在屏幕上的显示。

(2) add():在精灵组添加精灵。

(3) remove():在精灵组内移除精灵。

(4) kill():将精灵从包含它的所有组中删除。

(5) alive():判断精灵是否属于任何组。

(6) groups():列出包含这个精灵的所有组。

下面的示例显示了精灵玩家类的使用。在这个类中,主要定义了两种方法,一种方法是初始化方法__init__(),在这种方法中,首先调用父类的初始化方法,然后加载图片,得到图片相关的矩形对象。另一种方法是更新方法 update(),用于在水平方向更新玩家的位置。每次水平向右移动 5 个距离,代码如下:

```
#第 13 章 13.12 定义玩家类
class Player(pygame.sprite.Sprite):
    #初始化方法,传入颜色、宽度和高度
    def __init__(self, color, width, height):
        #调用父类的构造方法
        pygame.sprite.Sprite.__init__(self)
        #设置精灵的外观图片
        self.image = pygame.image.load("../images/player1.gif")
        #得到图片的矩形对象,内有 x 和 y 等属性,可用于更新图片的位置
        self.rect = self.image.get_rect()
    #更新方法,用于更新图片的位置
    def update(self):
        self.rect.x += 5
```

另外，也可以用键盘控制精灵的移动，代码如下：

```
#第 13 章 13.13 使用键盘控制精灵的移动
'''
精灵中的键盘事件
'''
#导入和游戏有关的包
import pygame

class Player(pygame.sprite.Sprite):
    #初始化方法,设置图片和得到位置
    def __init__(self):
        self.image = pygame.image.load("..\\images\\player1.gif")
        self.rect = self.image.get_rect()
        self.rect.x = 200
        self.rect.y = 300
    def update(self):
        #如果一直按住键盘左右方向键不放,则图片会连续移动
        keys = pygame.key.get_pressed()

        if keys[pygame.K_LEFT]:
            self.rect.x -= 5
        if keys[pygame.K_RIGHT]:
            self.rect.x += 5


#游戏初始化
pygame.init()
#设置游戏窗口,得到窗口对象 window
window = pygame.display.set_mode((600,500))
#设置游戏标题
pygame.display.set_caption("mygame")
timer = pygame.time.Clock()
player = Player()

while True:
```

```
window.fill((255,255,255))
window.blit(player.image,player.rect)
player.update()
pygame.display.update()

for event in pygame.event.get():
    ♯判断是否是关闭窗口事件
    if event.type == pygame.QUIT:
        ♯游戏的退出
        pygame.quit()
        ♯Python语言的退出
        exit()
timer.tick(60)
```

13.8.2　精灵组

在游戏循环中需要更新和绘制精灵,如果游戏中有大量的精灵,对这些精灵一个一个地进行处理,则游戏循环的这些部分代码可能会变得非常冗长和复杂。

在 Pygame 中,精灵组是精灵的集合,精灵组允许将多个精灵对象组合在一起,并对整个精灵组进行批量操作。使用精灵组有以下一些好处。

(1) 批量更新和绘制:精灵组可以一次性更新和绘制组内的所有精灵对象。在游戏循环中,调用精灵组的 update()方法来更新所有精灵的位置和状态,然后调用 draw()方法将所有精灵绘制到屏幕上。这样可以避免对每个精灵单独进行操作的烦琐过程,提高了代码的效率和可维护性。

(2) 碰撞检测和碰撞响应:精灵组可以用于实现碰撞检测和碰撞响应。该模块包含碰撞检测函数,该函数会在两个精灵组发生碰撞时被调用。在碰撞检测函数中,可以定义如何处理碰撞事件,例如改变精灵的方向、速度或执行其他相关操作。

(3) 方便地添加和删除精灵:通过精灵组,可以轻松地使用 add()和 remove()方法将精灵添加到组中或从组中移除。可以灵活地根据游戏的需要动态地添加或删除精灵。

(4) 方便地进行遍历和查询:精灵组提供了方便的遍历和查询功能。可以使用迭代器遍历精灵组中的所有精灵,也可以使用 contains()方法检查某个精灵是否在组中。

使用精灵组可以简化游戏开发中的管理操作,提高开发效率。

精灵组的主要功能为保存和管理多个精灵对象,主要包含以下几种方法。

(1) add():将精灵添加到组中。

(2) update():精灵组调用组中所有精灵的 update()方法。

(3) remove():将精灵从当前所属的组中移出。

(4) draw():将精灵绘制到屏幕上。

注意,最后一定要调用 pygame.display.update()方法刷新屏幕,以显示精灵组中的精灵对象。

可以根据事件创建精灵，在屏幕上显示，并循环输出多个精灵，如多个敌人，代码如下：

```python
# 第 13 章 13.14 使用精灵组产生大量敌人
# coding = utf - 8
'''
精灵组的使用,如产生大量敌人

'''
# 导入和游戏有关的包
import pygame

class Enemy(pygame.sprite.Sprite):
    # 初始化方法,设置图片和得到位置
    def __init__(self):
        super().__init__()
        self.image = pygame.image.load("..\images\\alien1.png")
        self.rect = self.image.get_rect()
        self.rect.y = 100
        self.rect.x = 500
    def update(self):
        self.rect.x -= 3
        # 如果超出窗口,则从组中清除
        if self.rect.x < 0:
            self.kill()


# 游戏初始化
pygame.init()
# 设置游戏窗口,得到窗口对象 window
window = pygame.display.set_mode((600,500))
# 设置游戏标题
pygame.display.set_caption("mygame")
timer = pygame.time.Clock()
# 定义敌人组
enemy_group = pygame.sprite.Group()
# 定义自定义事件
enemy_event = pygame.USEREVENT + 1
pygame.time.set_timer(enemy_event,1000)


while True:
    window.fill((255,255,255))
    enemy_group.update()
    enemy_group.draw(window)
    pygame.display.update()

    for event in pygame.event.get():
        if event.type == enemy_event:
            enemy = Enemy()
            enemy_group.add(enemy)
```

```
            ♯判断是否是关闭窗口事件
        if event.type == pygame.QUIT:
                ♯游戏的退出
                pygame.quit()
                ♯Python语言的退出
                exit()
        timer.tick(60)
```

当运行上述程序时,会在屏幕上产生大量敌人,如图 13-16 所示。

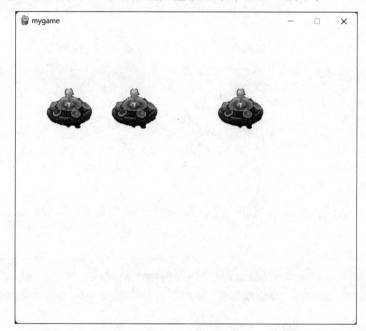

图 13-16　产生大量敌人

13.8.3　碰撞检测

在游戏开发中,碰撞检测用于确定游戏中的物体是否发生了接触或碰撞。当两个物体发生碰撞时,游戏引擎需要检测到这个事件,并根据碰撞的性质(如碰撞的物体类型、碰撞的力度和方向)来执行相应的动作或行为。

碰撞检测的方法和技术有多种,包括矩形碰撞检测、圆形碰撞检测、轴对轴碰撞检测等,其中,矩形碰撞检测是最简单的方法,它通过比较两个物体的矩形包围盒是否相交来判断是否发生了碰撞。除了基本的碰撞检测外,游戏引擎还会提供更高级的物理引擎功能,如刚体动力学和柔体动力学,用于模拟更真实的物理效果,如重力、摩擦力和弹性等。这些物理引擎通常需要精确的碰撞检测和碰撞响应算法来确保游戏的真实性和流畅性。

Pygame 库中主要通过以下两个函数处理精灵碰撞事件。精灵与组的碰撞函数的语法如下：

```
# 这个函数用于检测一个精灵与另一个精灵组之间的碰撞
pygame.sprite.spritecollide(sprite, group, dokill, collided = None)
```

其中的参数表示的含义如下：

（1）sprite 是要检测的精灵。

（2）group 是另一个精灵组，与 sprite 进行碰撞检测。

（3）dokill 是一个布尔值，如果值为 True，则发生碰撞的精灵将从其组中移除。

（4）collided 是一个可选参数，可以传递一个函数，该函数将在每次碰撞时被调用，并接收两个精灵作为参数。

返回值为一个精灵列表，包含组中与精灵相交的所有精灵，代码如下：

```
# 第 13 章 13.15 碰撞的检测
# 查看玩家是否与列表中的精灵有碰撞
# True 表示将精灵从列表中移除
blocks_hit_list = pygame.sprite.spritecollide(player, block_list, True)
# 检查列表中多少精灵参与了碰撞，如果有，则增加分数
for block in blocks_hit_list:
    score += 1
```

组与组碰撞函数的语法如下：

```
pygame.sprite.groupcollide(group1, group2, dokill1, dokill2, collided = None)
                                        # 这个函数用于检测两个精灵组之间的碰撞
```

相关参数的含义如下：

（1）group1 和 group2 是需要进行碰撞检测的两个精灵组。

（2）dokill1 和 dokill2 是两个布尔值，分别表示是否在发生碰撞时从 group1 和 group2 中移除精灵。

（3）collided 也是一个可选参数，与 spritecollide 中的参数的作用相同。

（4）返回的是一个字典，键是 group1 中相交的精灵，值是 group2 中相交的精灵。

这两个函数都是 Pygame 用于实现碰撞检测的常用方法，特别适用于游戏开发中处理角色、子弹、障碍物等物体的碰撞交互。

13.9 音乐的播放

▶ 7min

音乐在游戏开发中发挥着重要作用，能够增强情感体验、提升代入感、增加仪式感、增强记忆、提升氛围、增强交互性和提升游戏品质，因此，选择适合的音乐和音效对于打造高质量的游戏体验至关重要。在 Pygame 中主要分为短时间音乐的加载和长时间音乐的加载。

短时间音乐的加载，关键代码如下：

```
sound = pygame.mixer.Sound("music//shot.wav")
sound.play()    # 开始播放
```

长时间音乐的加载,关键代码如下:

```
pygame.mixer.music.load("./music/bg.mp3")      # 加载音乐
pygame.mixer.music.set_volume(0.5)             # 设置音量
# 参数 1 表示重复次数, - 1 代表一直重复,参数 2 表示音乐开始的位置
pygame.mixer.music.play( - 1,0)
```

在开发游戏时,可以在开始加载长时间的背景音乐,在碰撞检测中加载碰撞的短时间声音等。

13.10　综合案例:太空对战

▶ 18min

一个完整的太空对战游戏主要包含以下步骤。

(1)基本框架的搭建:实现的功能为显示窗口、事件的处理、刷新屏幕时间的定义和精灵组的定义。

(2)创建背景图片类:在精灵初始化方法中加载背景图片,实现更新方法。

(3)定义玩家类:在初始化方法中加载玩家图片,在更新方法中实现图片的移动和开火方法。

(4)定义敌人类:在自定义事件中随机生成敌人。

(5)定义子弹类:实现子弹的移动和碰撞等功能。

(6)定义爆炸类:实现爆炸效果。

(7)使用事件循环监听游戏事件,包括退出事件和定时创建敌人事件。

(8)在事件循环中更新玩家、背景、敌人、子弹和爆炸的位置和状态。

(9)碰撞检测:实现子弹与敌人的碰撞检测。当敌人和子弹相撞时,移除相应的敌人并产生爆炸效果。

(10)在游戏窗口中绘制背景和精灵组中的对象。

(11)音乐的加载:加载背景音乐、开火音乐和碰撞产生的音乐等。

太空对战的完整源程序的代码如下:

```
# 第 13 章 13.16 使用 Pygame 实现太空对战游戏
import pygame
import random

pygame.init()
window = pygame.display.set_mode((600,500))
pygame.display.set_caption("mygame")

clock = pygame.time.Clock()
CREATE_ENEMY = pygame.USEREVENT + 1
pygame.time.set_timer(CREATE_ENEMY,2000)     # 每两秒产生一个敌人

pygame.mixer.music.load("./music/bg.mp3")    # 设置背景音乐
```

```python
pygame.mixer.music.set_volume(0.1)
pygame.mixer.music.play(-1,0)

#定义玩家类
class Player(pygame.sprite.Sprite):
    def __init__(self,speed):               #初始化方法
        pygame.sprite.Sprite.__init__(self)
        self.image = pygame.image.load("./images/player1.gif")
        self.rect = self.image.get_rect()
        self.rect.x = 200                   #设置玩家的位置
        self.rect.y = 400
        self.speed = speed
    def update(self, * args):               #更新方法
        keys = pygame.key.get_pressed()     #移动玩家事件
        '''
        if keys[pygame.K_UP]:
            self.rect.y -= self.speed
        if keys[pygame.K_DOWN]:
            self.rect.y += self.speed'''
        if keys[pygame.K_LEFT]:
            self.rect.x -= self.speed
        if keys[pygame.K_a]:
            self.rect.x -= self.speed
        if keys[pygame.K_RIGHT]:
            self.rect.x += self.speed
        if keys[pygame.K_SPACE]:            #按空格键开火
            self.fire()
    def fire(self):                         #开火方法
        bullet = Bullet(10)                 #产生子弹
        bullet.rect.y = self.rect.top       #设置子弹的位置
        bullet.rect.x = self.rect.x + 50
        bullet_group.add(bullet)
        sound = pygame.mixer.Sound(".\music\explode.wav")   #产生爆炸声音
        sound.set_volume(0.5)
        sound.play()

#定义子弹类
class Bullet(pygame.sprite.Sprite):
    def __init__(self,speed):
        pygame.sprite.Sprite.__init__(self)
        self.image = pygame.image.load("./images/shot.gif")
        self.rect = self.image.get_rect()
        self.speed = speed
    def update(self, * args):
        self.rect.y -= self.speed
        if self.rect.x < 0:
            self.kill()

#定义敌人类
```

```python
class Enemy(pygame.sprite.Sprite):
    def __init__(self,speed):
        pygame.sprite.Sprite.__init__(self)
        self.image = pygame.image.load("./images/alien1.png")
        self.rect = self.image.get_rect()
        self.rect.x = 500
        self.rect.y = random.randint(1,100)
        self.speed = speed
    def update(self, * args):
        self.rect.x -= self.speed
        if self.rect.x < 0:
            self.kill()


# 定义爆炸类
class Explode(pygame.sprite.Sprite):
    life = 10
    def __init__(self):
        pygame.sprite.Sprite.__init__(self)
        self.image = pygame.image.load("./images/explosion1.gif")
        self.rect = self.image.get_rect()
        sound = pygame.mixer.Sound("./music/shoot.wav")
        sound.play()
    def update(self, * args):
        self.life -= 1
        if self.life < 0:
            self.kill()


# 定义背景类
class BackGround(pygame.sprite.Sprite):
    def __init__(self):
        pygame.sprite.Sprite.__init__(self)
        self.image = pygame.image.load("./images/bg.png")
        self.rect = self.image.get_rect()
    def update(self):
        self.rect.x -= 1
        if self.rect.right < 0:
            self.rect.x = self.rect.width


# 实例化玩家类,得到玩家对象
hero = Player(10)
# 通过两张图片实现背景图片的移动
bg = BackGround()
bg2 = BackGround()
bg2.rect.x = bg2.rect.width

# 实例化精灵组
bg_group = pygame.sprite.Group()
hero_group = pygame.sprite.Group()
enemy_group = pygame.sprite.Group()
```

```
bullet_group = pygame. sprite. Group()
explode_group = pygame. sprite. Group()
hero_group. add(hero)                    #将玩家加入组中
bg_group. add(bg, bg2)                   #将背景加入组中

while True:
    for event in pygame. event. get():
        if event. type == pygame. QUIT:
            pygame. quit()
            exit()
        if event. type == CREATE_ENEMY:   #如果事件类型为敌人,则随机生成敌人
            enemy_group. add(Enemy(random. randint(2, 4)))
        #子弹与敌人的碰撞检测
    collision = pygame. sprite. groupcollide(enemy_group, bullet_group, True, True)
    for enemy in collision. keys():        #在碰撞的位置产生爆炸效果
        explode = Explode()
        explode. rect = enemy. rect
        explode_group. add(explode)

    window. fill(background)               #设置背景图片
        #遍历精灵组,依次更新组中精灵的内容,并显示在屏幕上
    for group in (bg_group, hero_group, enemy_group, bullet_group, explode_group):
        group. update()
        group. draw(window)
    pygame. display. update()
    clock. tick(60)
```

这段代码实现了一个简单的太空对战游戏的基本功能,玩家可以通过键盘控制飞机的移动和发射子弹,击败敌人并产生爆炸效果。游戏窗口会不断刷新,实现动态的游戏画面,如图 13-17 所示。

图 13-17 太空对战游戏

注意,代码中可能有一些文件路径的引用,需要确保相关图片和音频文件存在,并且文件路径正确。

13.11 实训作业

(1) 利用 Pygame 实现绘图功能,例如绘制一个笑脸图像。

(2) 对太空对战游戏进行优化或功能扩展,例如子弹可以向多个方向发射,玩家可以上下左右移动等。

第 14 章

CHAPTER 14

数据可视化

▶ 1min

随着大数据时代的来临,数据可视化在数据分析中的地位越来越重要。数据可视化是以图示或图形格式表示数据,数据可视化主要利用图形、图像处理、计算机视觉及用户界面,通过表达、建模及对立体、表面、属性和动画的显示,将数据以视觉形式表现出来。

Python 中的数据可视化涉及使用不同的库和工具来创建各种类型的图表和图形,其中一些最流行的库和工具包括 Matplotlib、Seaborn、Plotly 和 Bokeh 等,这些库和工具各有特点,用户可以根据自己的需求选择合适的库和工具来创建图表和图形,以展示数据的特征和趋势。另外在进行数据可视化处理时,往往也会用到与多维数组相关的第三方库 NumPy。

▶ 2min

14.1 NumPy 多维数据处理

NumPy 是 Python 中科学计算的基本包,主要用于处理多维数组数据。NumPy 提供了多维数组对象、各种派生对象(如掩码数组和矩阵),以及用于对数组进行快速操作的各种应用,如数学、逻辑、形状操作、排序、选择、I/O、离散傅里叶变换、基本线性代数、基本统计运算、随机模拟等。

在开始使用之前,需要在命令行中运行以下命令来安装 NumPy 库:

```
pip install numpy
```

可以定义一个 NumPy 类型的数组,并输出它的内容,代码如下:

```
#第 14 章 14.1 NumPy 类型的数组的使用
import numpy as np #导入 NumPy 包,下同

#定义一个 NumPy 类型的数组
a = np.array([[ 0, 1, 2, 3],
       [ 5, 6, 7, 8],
       [10, 11, 12, 13]])

#打印数组中的内容
print(a)
```

在上面的例子中,首先导入了 NumPy 包,然后定义了一个 NumPy 类型的数组,最后将数组中的内容打印了出来,结果如下:

```
[[ 0 1 2 3]
 [ 5 6 7 8]
 [10 11 12 13]]
```

NumPy 的主要对象是同构多维数组,包含一个元素列表(通常是数字),所有元素都是相同类型的,由非负整数元组索引。NumPy 的数组类称为 ndarray。NumPy 中的常用相关属性及含义如下。

5min

(1) ndim:数组维度的数目。

(2) shape:数组的维度数,这是一个元组类型的数据。

(3) size:数组中整个元素的数量。

(4) dtype:描述数组中元素类型的对象。

属性的用法,代码如下:

```
# 第 14 章 14.2 NumPy 属性的含义
print(a.ndim)         # 输出结果为 2,表示数组维度的数目
print(a.shape)        # 输出结果为(3, 4),数组的维度数,这是一个元组类型的数据
print(a.dtype.name)   # 输出结果为 int32,描述数组中元素类型的对象
print(a.size)         # 输出结果为 12,数组中整个元素的数量
print(type(a))        # 输出结果为< class 'numpy.ndarray'>,表示数据的类型
```

NumPy 中的数组可以进行多种运算,如乘积运算。乘积运算符 * 在 NumPy 数组中按元素操作,代码如下:

```
x = np.array([[1, 1],[0, 1]])
y = np.array([[2, 0],[3, 4]])
print(x * y)

# 输出的结果如下
[[2 0]
 [0 4]]
```

可以对数组中的行和列进行求和、求最小值、累计求和等操作,代码如下:

```
# 第 14 章 14.3 使用 NumPy 对数组中的行和列进行求和、求最小值、累计求和等操作
# 多行注释中为输出结果
import numpy as np

b = np.arange(12).reshape(3, 4)
print(b)
'''
# 输出的结果如下
array([[ 0, 1, 2, 3],
       [ 4, 5, 6, 7],
       [ 8, 9, 10, 11]])
```

```
'''
print(b.sum(axis = 0))          # 每列的和
'''输出:array([12, 15, 18, 21])'''

print(b.min(axis = 1))          # 每行的最小值
'''输出:array([0, 4, 8])'''

print(b.cumsum(axis = 1))       # 每行累计求和
'''输出的结果如下:
array([[ 0, 1, 3, 6],
       [ 4, 9, 15, 22],
       [ 8, 17, 27, 38]])'''
```

在很多领域需要将处理的数据转换为多维数组进行处理,如将图像识别中的图像转换为多维数组进行去噪、对比度处理等。NumPy 广泛应用于数据科学、机器学习、图像处理和计算机图形学等领域。

▶ 3min

14.2 Matplotlib 图表的生成

Matplotlib 可以非常方便地创建海量类型的 2D 图表和一些基本的 3D 图表。如可以用于绘制直方图、箱线图、散点图等,帮助分析数据的分布、相关性和异常值等。Basemap 模块支持绘制地图,可以用于展示地理数据、绘制地理图表和可视化地理信息。支持绘制各种统计图表,如柱状图、折线图、饼图等,可以用于展示数据的分布、趋势和比例等。支持交互式绘图,可以实现动态更新和交互操作,提供更好的用户体验。

Matplotlib 提供了一个面向绘图对象编程的 API,能够很轻松地实现各种图像的绘制,并且可以配合 Python GUI 工具(如 PyQt、Tkinter 等)在应用程序中嵌入图形。同时,Matplotlib 也支持以脚本的形式嵌入 IPython Shell、Jupyter、Web 应用服务器中。

Matplotlib 官方提供了使用 Matplotlib 生成各种类型图表的示例,如图 14-1 所示。

Matplotlib 的使用包括以下几个步骤。

(1) 使用 pip 命令安装 Matplotlib 库,代码如下:

```
pip install matplotlib     # 安装 Matplotlib 库
```

(2) 导入必要的模块。在 Python 脚本中,首先需要导入 Matplotlib 库中的 Pyplot 模块,Pyplot 包含一系列绘图函数的相关函数,代码如下:

```
import matplotlib.pyplot as plt
```

(3) 准备数据:根据要绘制的图表类型和数据源,准备好相应的数据。这些数据可以是 NumPy 数组、Pandas DataFrame 等。

(4) 创建图表:使用 Pyplot 模块中的函数创建图表,例如使用 plt.plot()函数绘制折线图,使用 plt.bar()函数绘制条形图等。

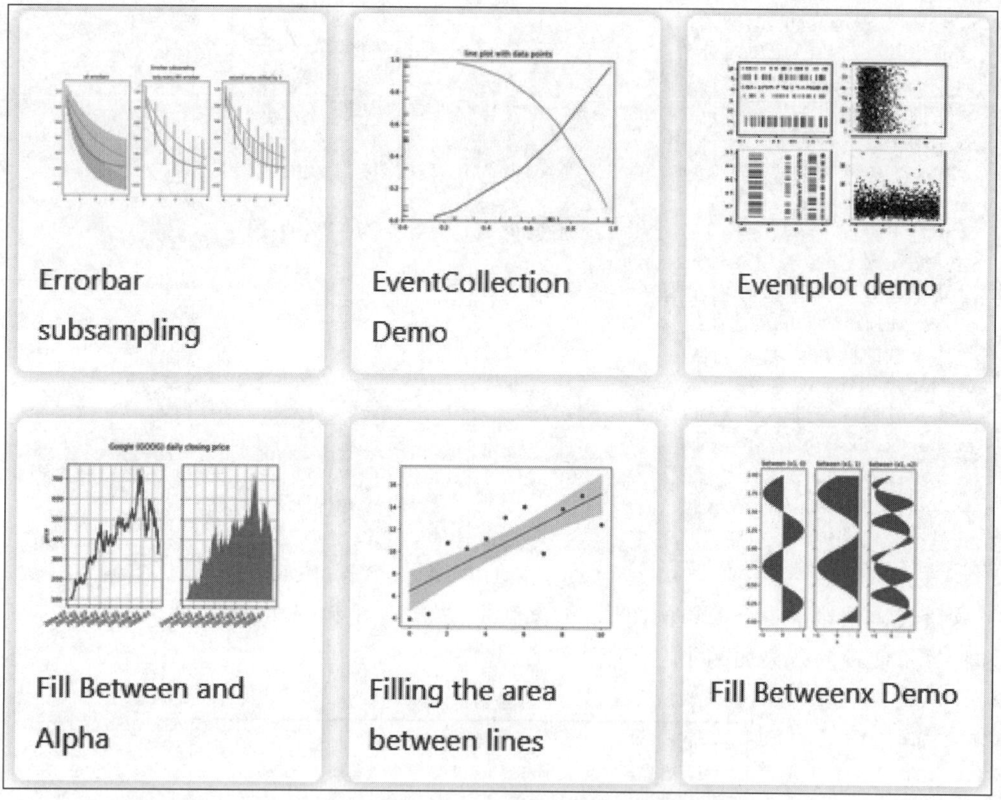

图 14-1　使用 Matplotlib 生成各种类型图表

（5）定制图表样式：可以对图表的样式进行定制，例如标题、轴标签、刻度等。使用 Pyplot 模块中的函数进行设置，例如使用 plt.title()设置标题，使用 plt.xlabel()和 plt.ylabel()设置轴标签等。

（6）显示图表：使用 plt.show()函数显示图表，或者将图表保存为图像文件。

可以利用 NumPy 生成的数据，使用 Matplotlib 库绘制 3 条不同幂次（线性、二次和三次）的曲线，代码如下：

```
# 第 14 章 14.4 使用 Matplotlib 库绘制 3 条不同幂次（线性、二次和三次）的曲线
# 导入 Matplotlib 库，并为其设置别名 mpl
import matplotlib as mpl
# 导入 Matplotlib 的 Pyplot 模块，并为其设置别名 plt
import matplotlib.pyplot as plt
# 导入 NumPy 库，并为其设置别名 np
import numpy as np

# 将字体设置为 Microsoft YaHei，以防止显示的图片或文字出现乱码现象
mpl.rc("font", family = 'Microsoft YaHei')
# 使用 NumPy 的 linspace 函数创建一个包含 100 个元素的数组，这些元素在 0 和 2 之间均匀分布
```

▶ 8min

```
x = np.linspace(0, 2, 100)
#创建一个新的图形和轴对象.fig 是整个图形,而 ax 是该图形中的一个子图或轴
fig, ax = plt.subplots()
#在轴上绘制 1 条从 x 到 x 的直线(y = x),并为其设置标签'直线'
ax.plot(x, x, label = '直线')
#在轴上绘制 1 条从 x 到 x ** 2 的二次曲线,并为其设置标签'二次曲线'
ax.plot(x, x ** 2, label = '二次曲线')
#在轴上绘制 1 条从 x 到 x ** 3 的三次曲线,并为其设置标签'三次曲线'
ax.plot(x, x ** 3, label = '三次曲线')
#将标题设置为"生成数据曲线"
ax.set_title("生成数据曲线")
#将 y 轴的标签设置为"y 轴"
ax.set_ylabel("y 轴")
#将 x 轴的标签设置为"x 轴"
ax.set_xlabel("x 轴")
#显示图例
ax.legend()
#显示整个图形
plt.show()
```

这段代码创建了一个简单的图形,包含直线、二次曲线和三次曲线,并为它们添加了图例和标签。实现的效果如图 14-2 所示。

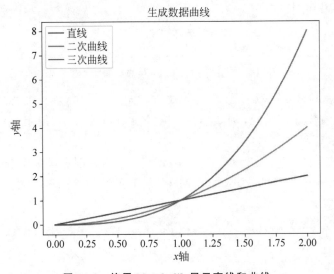

图 14-2 使用 **Matplotlib** 显示直线和曲线

14.3 生成动态图

Matplotlib 本身不直接支持动态图,但可以使用其动画库 FuncAnimation 创建动态图表。FuncAnimation 类通过重复调用某个功能函数,从而实现动态绘图效果,在功能

函数中会对图进行一些修改,只要调用时间间隔足够短,给人的感觉就是图在动态变化。

以下的示例,展示了如何使用 FuncAnimation 来生成一个动态的正弦波图。

首先,确保已经安装了必要的库,包括 NumPy 和 Matplotlib,然后根据数据创建一个简单的动态正弦波图,代码如下:

```python
#第14章 14.5 创建一个简单的动态正弦波图
import numpy as np
import matplotlib.pyplot as plt
from matplotlib.animation import FuncAnimation

# 初始化图形和轴
fig, ax = plt.subplots()

# 设置 x 轴的范围
xdata, ydata = [], []
ln, = ax.plot([], [], 'r-', animated = True)

# 初始化函数
def init():
    ax.set_xlim(0, 2 * np.pi)
    ax.set_ylim(-1, 1)
    return ln,

# 更新函数,用于动态更新图形
def update(frame):
    xdata.append(frame)
    ydata.append(np.sin(frame))
    ln.set_data(xdata, ydata)
    return ln,

# 创建动画对象
ani = FuncAnimation(fig, update, frames = np.linspace(0, 2 * np.pi, 128),
                    init_func = init, blit = True)

# 显示图形
plt.show()
```

在这个例子中,init 函数设置了 x 轴和 y 轴的范围,update 函数用于在每帧被调用时更新图形的数据。FuncAnimation 的 frames 参数是一个生成每帧的生成器或数组,init_func 参数是一个初始化函数,blit=True 表示只更新改变了的部分,如图 14-3 所示。

这个正弦曲线从最左边开始进行动态绘制,一直运行到整个图形绘制完成。

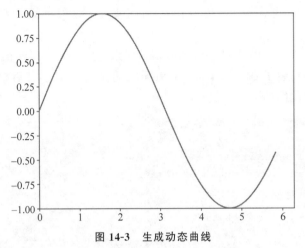

图 14-3　生成动态曲线

也可以通过第三方库 pynimate 实现横向动态变化的柱状图，这种柱状图在网上也很常见。它会随着时间的变化而更新界面，可以更加直观地显示每个时间段的数据，数据之间的对比更加直观和动态化，如图 14-4 所示。

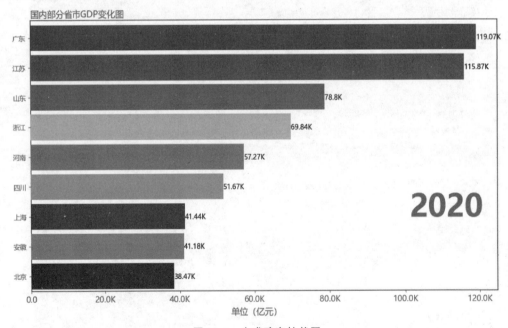

图 14-4　生成动态柱状图

使用 pynimate 库可以从 CSV 文件中读取数据，完成动态柱状图，关键代码如下：

```
bar = nim.Barhplot.from_df(df, "%Y", "MS", post_update = post, grid = False)
```

上述代码的含义为创建一个水平条形图对象，并使用 DataFrame 对象的数据、"％Y"列作为时间列，"MS"列作为主要刻度标签列，设置了一个后处理函数 post，并关闭了网格线。

完整的源代码如下：

```
#第14章 14.6 使用pynimate库完成动态柱状图
import matplotlib as mpl
import matplotlib.ticker as tick
import pandas as pd
from matplotlib import pyplot as plt

#将字体设置为"Microsoft YaHei"，即微软雅黑，以支持中文显示
mpl.rc("font", family = 'Microsoft YaHei')

import pynimate as nim
#从pynimate.utils模块中导入human_readable函数，用于将刻度值转换为可读的格式
from pynimate.utils import human_readable

#设置x轴的主要刻度标签格式化器
def post(self, i):
    self.ax.xaxis.set_major_formatter(
        tick.FuncFormatter(lambda x, pos: human_readable(x))
    )

#从CSV文件中读取数据，并将"time"列设置为索引，创建一个DataFrame对象
df = pd.read_csv("data/gdp.csv").set_index("time")
#创建一个Canvas对象，用于绘制动态图表
cnv = nim.Canvas()

bar = nim.Barhplot.from_df(df, "%Y", "MS", post_update = post, grid = False)
bar.set_title("国内部分省市生产总值变化图")      #设置图表的标题
bar.set_xlabel("单位(亿元)")                    #设置x轴标签

#设置时间轴的回调函数，用于获取每个时间点的年份
bar.set_time(callback = lambda i, dfr: dfr.data.index[i].year)
#设置条形图的注释文本回调函数，使用human_readable函数将刻度值转换为可读的格式
bar.set_bar_annots(text_callback = human_readable)

cnv.add_plot(bar)                              #将条形图添加到Canvas对象中
cnv.animate()                                  #执行动画效果，展示条形图的变化
plt.show()                                     #显示图表
```

这段代码使用pynimate库创建了一个动态的水平条形图，用于展示国内部分省市生产总值的变化情况，并通过human_readable函数将刻度值转换为可读的格式。

其中，引入的gdp.csv文件格式的第1列为时间序列，其他列代表各个柱状图的数据，

如图 14-5 所示。

A	B	C	D	E	F	G	H	I	J
time	北京	上海	广东	江苏	山东	河南	安徽	四川	浙江
1999	2759	4222		7697	7493	4517	4373	3649	5461
2000	3277	4812		8553	8387	5052	4378	3928	6164
2001	3861	5257	12126	9456	9762	5533	4369	4293	6927

图 14-5　动态柱状图中数据源格式

14.4　实训作业

使用 NumPy 的 linspace 函数创建一个数组，利用 Matplotlib 生成各类图表。

网 络 爬 虫

当我们浏览网络上的信息时,可以使用计算机来帮助我们对网络上的信息进一步地进行处理。网络爬虫(Web Crawler)是一种程序,用于自动浏览互联网并提取信息。网络爬虫的工作原理是模拟用户浏览网页的行为,通过发送请求获取页面内容,然后通过分析网页中的内容,解析并提取所需的信息。

3min

网络爬虫可以用于数据挖掘和机器学习任务。通过爬取互联网上的数据,可以构建庞大的数据集,用来训练机器学习模型和进行数据分析。例如,可以利用爬虫抓取社交媒体上的用户评论、点赞信息,从中获取用户偏好和行为模式,然后进行个性化推荐、广告投放等工作。

另外,爬虫在商业竞争中也有着重要的作用。企业可以通过爬虫收集竞争对手的产品信息、价格策略、营销计划等关键数据,以便更好地制定自己的营销战略。此外,爬虫还可以帮助企业监测市场价格波动、竞争对手的新产品发布等信息,为企业决策提供有价值的参考。

除此之外,爬虫还可以用来调研,例如要调研一家电商公司,想知道他们的商品销售情况。爬虫可以收集公开的电商网站上的销售数据,帮助我们做出更准确的判断。

此外,爬虫还可以用于刷流量和秒杀等操作,包括但不限于在各种电商网站上抢商品、抢优惠券、抢机票和火车票等,所以说网络爬虫在搜索引擎、数据挖掘、信息处理等方面有很多作用。

Python 有许多库可用于网络爬虫的处理,如 Requests、BeautifulSoup、Scrapy 等。这些库提供了强大的功能和易用的接口,使在 Python 中编写爬虫程序变得相对简单。

需要注意的是,在进行网络爬虫开发时,要遵守网站的爬虫协议和相关法律法规,尊重网站的权益和隐私。同时,避免过度请求目标网站,以防止对目标服务器造成过大的负载压力。

15.1 Requests 网络请求技术

4min

Requests 是一个用 Python 语言编写的网络客户端库,用于发送网络请求,并从远程服务器上接收内容。它比 Python 自带的 urllib 更易用,更简洁,功能也更强大。

Requests 库是开源的，任何人都可以查看和修改其源代码。使用 Requests 库可以方便地发送各种类型的网络请求，如 GET、POST、PUT、DELETE 等。它还支持设置请求头、发送 JSON 数据、处理异常等。最重要的是，Requests 库会自动处理响应内容的解压缩（如 gzip 压缩等）。

Requests 是一个非常实用的 Python HTTP 客户端库，适用于爬虫和测试服务器响应数据等场景。

在使用之前，需要安装 Requests 库。如果还没有安装，则可以通过以下命令进行安装：

```
pip install requests
```

一旦安装完成，就可以开始使用 Requests 库了。以下是一些基本的用法：

（1）发送 GET 请求。向一个网址发送请求，可以得到网页中的内容、是否请求成功的状态码、内容类型和编码方式等，代码如下：

▶ 3min

```
#第 15 章 15.1 向一个网址发送 GET 请求，并返回结果
import requests
response = requests.get('https://www.baidu.com')
print(response.text)                      #输出相应网址页面中的全部内容
print(response.status_code)               #得到是否请求成功的状态码,200 表示请求成功
print(response.headers['content - type']) #请求头中的内容类型,如果是网页,则为 text/html
print(response.encoding)                  #返回响应网页的编码方式

#输出的结果如下
<! DOCTYPE html >
<!-- STATUS OK -- >< html > < head >< meta http - equiv = content - type content = text/html;
charset = utf - 8 >< meta http - equiv = X - UA - Compatible content = IE = Edge >< meta content =
always name = referrer >< link rel = stylesheet type = text/css href = https://ss1.bdstatic.com/
5eN1bjq8AAUYm2zgoY3K/r/www/cache/bdorz/baidu. min. css >< title ></title ></head > < body link
= #0000cc >< div id = wrapper > < div id = head >
…
</body > </html >

200
text/html
ISO - 8859 - 1
```

（2）发送 POST 请求。通过 POST 请求，可以向远程服务器发送带参数的数据，并返回内容，代码如下：

```
import requests
data = {'key1': 'value1', 'key2': 'value2'}   #要发送的数据
response = requests.post('https://www.example.com', data = data)
print(response.text)                          #返回内容
```

（3）自定义头部信息，并向远程服务器请求信息。

在 HTTP 请求中，headers（也称为 HTTP 头）是一种元数据，它包含了关于请求或响应

的附加信息。这些信息以键-值对的形式存在，每个键-值对都代表一个特定的头部字段。这些字段提供了关于请求或响应的详细信息，例如内容的类型、发送和接收方的信息、认证信息、缓存指令等。

在 Requests 库中，headers 是一个字典，用于存储想要在 HTTP 请求中发送的头部字段。通过自定义 headers，使用者可以控制请求的各方面，例如通过设置 User-Agent 来伪装成不同的浏览器或设备，设置 Accept 来指定希望接收的响应内容类型，或者设置 Authorization 来提供认证信息等。

headers 字典的示例结构，代码如下：

```
# 第15章 15.2 headers 字典的结构
headers = {
    # 告诉服务器发送请求的客户端类型,这通常用于网站统计和适应性内容展示
    'User-Agent': 'Mozilla/5.0 (Windows NT 10.0; Win64; x64) AppleWebKit/537.36 (KHTML, like Gecko) Chrome/58.0.3029.110 Safari/537.3',
    # 告诉服务器客户端能够处理的响应内容类型,这里是 JSON 格式
'Accept': 'application/json',
# 通常用于 API 认证,这里是一个示例的 Bearer 令牌
'Authorization': 'Bearer YOUR_TOKEN_HERE',
# 当发送 POST 或 PUT 请求时,告诉服务器请求体的内容类型,这里也是 JSON 格式
    'Content-Type': 'application/json',
    # 其他头部字段
}
```

当使用 Requests 库发送请求时，可以通过将这个 headers 字典作为参数传递给 requests.get、requests.post 等函数，以此自定义 HTTP 请求的头部信息。

（4）发送 JSON 数据。当要发送 JSON 类型的数据时，headers 中的内容类型必须为 JSON 类型，代码如下：

```
# 第15章 15.3 向一个网址发送 JSON 类型数据

import requests
import json

data = {'key1': 'value1', 'key2': 'value2'}     # 要发送的 JSON 数据
headers = {'Content-Type': 'application/json'}  # 将 Content-Type 设置为 JSON
response = requests.post('https://www.example.com', json=data, headers=headers)
print(response.text)
```

15.2　BeautifulSoup 数据解析技术

3min

BeautifulSoup 是一个 Python 库，主要用于从 HTML 和 XML 文件中提取数据。它提供了一种简单且易于使用的方法，使开发者能够遍历解析树、搜索树中的元素及对其进行修改。

BeautifulSoup 首先将输入的文档转换为解析树,然后根据用户的搜索条件匹配和提取需要的元素。它支持 CSS 选择器、正则表达式及基于标签名、属性和内容的搜索。此外,BeautifulSoup 还可以处理不规范的标记,自动修复错误的标记,使解析工作更加稳定和灵活。

通常情况下,BeautifulSoup 与许多第三方库可以一起使用,如网络爬虫框架 Scrapy、数据处理库 Pandas 等。它是 Python 爬虫中的重要工具,有助于提取有价值的数据并进一步地进行分析和处理。

BeautifulSoup 的使用方法主要包括以下步骤:

（1）安装 BeautifulSoup 库。可以使用 pip 命令进行安装:

pip install beautifulsoup4

（2）导入 BeautifulSoup 模块。在 Python 脚本中,使用 from bs4 import BeautifulSoup 导入模块。

（3）创建 BeautifulSoup 对象。通过解析 HTML 或 XML 字符串,创建 BeautifulSoup 对象。例如,使用 soup＝BeautifulSoup(html_doc, 'html. parser')来解析 HTML 文档。

（4）搜索和提取元素。使用 BeautifulSoup 对象的方法和属性来搜索和提取 HTML 或 XML 文档中的元素。例如,使用 soup. find_all()方法来查找所有符合条件的元素,使用 soup. find()方法来查找第 1 个符合条件的元素。

（5）对元素进行修改。可以使用 BeautifulSoup 对象的方法和属性来修改 HTML 或 XML 文档中的元素。例如,使用 element. string ＝ 'new text'来修改元素的文本内容。

（6）输出结果。将提取或修改后的 HTML 或 XML 文档输出到控制台或保存到文件中。

要读取的示例网页内容文件,代码如下:

▶ 5min

```
<!-- 第 15 章 15.4 网页的结构 -->
< html >
< head >
< title > Example Page </title >
</head >
< body >
< h1 > Hello, World!</h1 >
   < p > 段落 1 </p >
< p > 段落 2 </p >
</body >
</html >
```

下面将演示如何从上面的网页中提取标签为 h1 中的内容。

（1）从远程地址中读取网页中的内容,代码如下:

```
response = requests.get('http://127.0.0.1:8080/demo.html')
response.encoding = 'utf - 8'
content = response.text
```

（2）创建 BeautifulSoup 对象，并将解析器指定为 lxml：

```
soup = BeautifulSoup(content, 'lxml')
```

（3）找到第 1 个 h1 标签，并输出其文本内容：

```
h1 = soup.find('h1')
print(h1.text)
```

输出的结果如下：

```
Hello, World!
```

在上述示例中，首先读取了一个示例 HTML 文件，然后创建了一个 BeautifulSoup 对象，指定了使用 lxml 解析器来解析 HTML。接着，使用 find 方法找到了第 1 个 h1 标签，并通过 text 属性获取了其中的文本内容。最终运行结果会输出"Hello，World!"。

如果网页中有多个同类型标签，则可以通过 soup.find_all( )方法查询到标签内的所有内容，并通过循环的方式依次读取出其中的内容，代码如下：

```
for c in soup.find_all("p"):
    print(c.text)
```

在上面的示例代码中，读取所有标签为 p 里面的内容，并循环输出。输出的结果如下：

```
段落 1
段落 2
```

15.3　Pandas 数据清洗、转换与分析技术

4min

Pandas 是 Python 语言的一个扩展程序库，用于数据分析。它提供了高性能、易于使用的数据结构和数据分析工具。Pandas 的名字衍生自 Panel Data 和 Python Data Analysis。

Pandas 基于高性能数学运算库 NumPy，支持从各种文件格式导入数据，如 CSV、JSON、SQL 等。它提供了大量能使我们快速便捷地处理数据的函数和方法，包括数据清洗、转换、统计分析等。Pandas 还支持时间序列分析，并提供了高效的操作大型数据集所需的工具。

Pandas 最初由 AQR Capital Management 于 2008 年 4 月开发，并于 2009 年底开源。目前，Pandas 由专注于 Python 数据包开发的 PyData 开发团队继续开发和维护，属于 PyData 项目的一部分。

Pandas 库在 Python 数据分析领域应用广泛，被视为 Python 数据分析的基石之一，应用在学术、金融、统计学等各个数据分析领域。它简化了数据处理的复杂性，使数据分析更加高效和便捷。

Pandas 库具有以下主要功能。

（1）数据导入与导出：Pandas 提供了多种数据导入和导出的方法，可以方便地从各种

文件格式（如 CSV、JSON、Excel、SQL 等）中读取和写入数据。

（2）数据清洗与处理：Pandas 提供了丰富的函数和方法，可以进行数据清洗、缺失值处理、重复值处理、异常值检测等。

（3）数据转换与重塑：Pandas 提供了强大的数据转换和重塑功能，可以进行数据的排序、分组、聚合、重塑等操作。

（4）时间序列分析：Pandas 对时间序列数据提供了强大的支持，可以进行时间序列数据的创建、切片、聚合、差分等操作。

（5）统计与分析：Pandas 提供了丰富的统计和分析函数，可以进行描述性统计、移动平均、相关性分析、回归分析等操作。

（6）可视化：Pandas 与 Matplotlib 等可视化库结合使用，可以方便地将数据分析结果可视化。

（7）数据类型转换：Pandas 提供了数据类型转换功能，可以将数据转换为不同的类型，如整数型、浮点型、日期型等。

（8）缺失值处理：Pandas 提供了多种处理缺失值的方法，如填充缺失值、删除缺失值等。

（9）数据索引：Pandas 提供了强大的数据索引功能，可以对数据进行高效索引和筛选。

（10）与其他数据处理库的集成：Pandas 可以与其他数据处理库（如 NumPy、SciPy、scikit-learn 等）无缝集成，方便更深入地进行数据分析和处理。

总体来讲，Pandas 库提供了全面的数据处理和分析功能，是 Python 数据分析中不可或缺的重要工具之一。

Pandas 的主要数据结构是 Series（对一维数据的处理）与 DataFrame（数据框，对二维数据的处理）。

以下是使用 Pandas 库进行数据处理的示例。

首先，使用 pip 命令下载并安装 Pandas 库：

7min

```
pip install pandas
```

其次，在使用之前导入 Pandas 库，代码如下：

```
import pandas as pd
```

可以通过传递值列表生成一维数据，并让 Pandas 创建默认的整数索引，代码如下：

```
s = pd.Series([1, 3, 5, 6])
print(s)

# 输出的结果如下
0 1
1 3
2 5
3 6
dtype: int64
```

从输出结果可以看出,Pandas 自动为数字序列建立了索引。

也可以通过 DataFrame 对二维数据进行处理,代码如下:

```
# 创建一个示例数据框
data = {'Name': ['Alice', 'Bob', 'Charlie', 'David'],
        'Age': [25, 30, 35, 40],
        'Salary': [50000, 60000, 70000, 80000]}
df = pd.DataFrame(data)

# 输出的结果如下
      Name  Age  Salary
0    Alice   25   50000
1      Bob   30   60000
2  Charlie   35   70000
3    David   40   80000
```

输出结果的第 1 行为每列的标题,对其他行建立了索引。

通过从 CSV 文件中读取数据并创建数据框,代码如下:

```
df = pd.read_csv('data.csv')
print(df)    # 输出内容同上,略
```

在上面的代码中,读取了同一个位置 data.csv 文件中的内容,其中 data.csv 文件中的内容如图 15-1 所示。

从 CSV 文件或远程网页中读取数据并创建数据框后,可以对数据进行筛选、排序、分组等操作。

	A	B	C
1	Name	Age	Salary
2	Alice	25	50000
3	Bob	30	60000
4	Charlie	30	70000
5	David	40	80000

图 15-1 data.csv 文件中的内容及格式

(1) 对数据进行筛选,代码如下:

```
# 筛选出年龄大于或等于 30 岁的人员的数据
df_filtered = df[df['Age'] >= 30]

# 输出的结果如下
      Name  Age  Salary
1      Bob   30   60000
2  Charlie   30   70000
3    David   40   80000
```

(2) 对数据进行排序,代码如下:

```
# 按年龄升序排序
df_sorted = df.sort_values('Age')

# 输出的结果如下
      Name  Age  Salary
0    Alice   25   50000
1      Bob   30   60000
2  Charlie   30   70000
3    David   40   80000
```

（3）对数据进行分组聚合，代码如下：

```
# 按年龄分组,计算每组的薪水之和
df_grouped = df.groupby('Age')[["Salary"]].sum()

# 输出的结果如下
Age
25    50000
30   130000
40    80000
```

9min

15.4 综合案例：网络爬虫

基本的爬虫流程如下。

（1）发起 HTTP 请求：使用 Python 的请求库（如 Requests）发送 HTTP 请求，获取网页内容。

（2）解析网页：使用 HTML 解析库（如 BeautifulSoup、lxml）解析网页，提取所需的数据。

（3）数据处理和存储：对提取的数据进行处理和清洗，然后存储到数据库、文件或其他数据存储介质中。

本节将使用 Requests 读取网页中的表格数据，然后通过 BeautifulSoup 对网页的内容进行解析，提取表格中的内容，并通过 Pandas 库将解析的数据保存为 DataFrame 格式，对数据进行整理、清洗，最后生成 Excel 文件。

其中要读取的网页中所包含的标题有商品编号、商品名称、商品类型、人气、展现量、单击量、点击率、转化量、转化率、平均单击单价、单笔推广成本和搜索相关性。网页中表格的结构如下：

```
<!-- 第 15 章 15.5 网页的结构 -->
<table>
  <thead>
    <tr>
      <th>商品编号</th>
      <th>商品名称</th>
      <th>商品类型</th>
      <th>人气</th>
      <th>展现量</th>
      <th>单击量</th>
      <th>点击率</th>
      <th>转化量</th>
      <th>转化率</th>
      <th>平均单击单价</th>
      <th>单笔推广成本</th>
      <th>搜索相关性</th>
```

```
    </tr>
  </thead>
  <tbody>
    <tr>
      <td>SP001</td>
      <td>STIGER 野餐垫户外露营加厚耐磨防潮垫</td>
      <td>帐篷垫子</td>
      <td>4</td>
      <td>804</td>
      <td>119</td>
      <td>0.148010</td>
      <td>4</td>
      <td>0.033613</td>
      <td>0.2</td>
      <td>5.950000</td>
      <td>4.773193</td>
    </tr>
```

网页中的行用标签 tr 表示，里面的单元格用 td 表示，其中第 1 行为标题，第 2 行以后的每行为商品的具体数据。显示效果如图 15-2 所示。

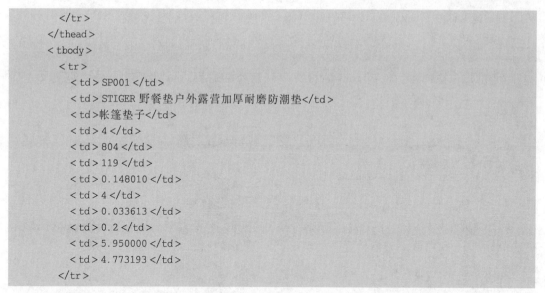

商品编号	商品名称	商品类型	人气	展现量	点击量	点击率	转化量	转化率	平均点击单价	单笔推广成本	搜索相关性
SP001	STIGER 野餐垫户外露营加厚耐磨防潮垫	帐篷垫子	4	804	119	0.148010	4	0.033613	0.2	5.950000	4.773193
SP002	加加林 JAJALIN 防潮垫 防水防潮帐篷垫	帐篷垫子	5	839	128	0.152563	1	0.007812	0.2	25.600000	4.964723
SP003	京东京造户外野餐垫 公园帐篷防潮垫	帐篷垫子	6	775	117	0.150968	3	0.008547	0.2	23.400000	0.155634
SP004	KOVOL防潮垫 户外野餐垫防水防潮帐篷垫	帐篷垫子	2	824	120	0.145631	1	0.008333	0.2	24.000000	0.373497
SP005	加加林 JAJALIN 防水防潮帐篷垫子	帐篷垫子	4	825	171	0.207273	1	0.005848	0.2	34.200000	0.896826
SP006	格术野餐垫防潮垫户外加厚便携牛津布露营垫	帐篷垫子	9	789	113	0.143219	1	0.008850	0.2	22.600000	0.028027
SP007	慕佚 工业帐篷遮阳棚大排档停车篷户外	帐篷垫子	8	808	100	0.123762	2	0.020000	0.2	10.000000	7.042680
SP008	戈顿 睡垫 午休垫午睡垫地铺睡垫户外垫	帐篷垫子	7	776	113	0.145619	3	0.026549	0.2	7.533333	3.965770
SP009	Bestway百适乐气垫床充气床垫家用双人	帐篷垫子	4	831	84	0.101083	1	0.011905	0.2	16.800000	0.911265
SP010	牧高笛 (MOBIGARDEN) 防潮垫	帐篷垫子	6	763	108	0.141547	1	0.009259	0.2	21.600000	3.244696
SP011	探险者 (TAN XIAN ZHE) 户外露营休闲	户外睡袋	5	826	128	0.154964	2	0.015625	0.2	12.800000	1.117482
SP012	探路者 (TOREAD) 吊床户外	户外睡袋	4	822	123	0.149635	1	0.008130	0.2	24.600000	1.674880
SP013	清焉 (QINGRAN) 羽绒睡袋	户外睡袋	5	835	127	0.152096	1	0.007874	0.2	25.400000	0.151948

图 15-2 待解析网页网址及内容

对网页的解析实现步骤如下：

（1）安装所需的库。确保已经安装了 Requests、BeautifulSoup 和 Pandas 库。如果需要保存为 xls 类型的文件，则需要另外导入 openpyxl 库。

（2）导入所需的库，代码如下：

```
from bs4 import BeautifulSoup
import requests
import pandas as pd
```

（3）获取网页内容。使用 Requests 库获取网页的内容。这里假设要爬取的网页是直接呈现表格数据的简单网页。如果网页需要登录或其他复杂操作，则要根据实际情况进行相应处理，代码如下：

```
url = 'https://example.com/table_page.html'  #替换为要爬取网页的网络地址
response = requests.get(url)
html_content = response.content
```

在上面的代码中，html_content 为从网站上获取的网页内容。

（4）解析网页中的表格数据。使用 BeautifulSoup 库解析网页内容，并提取表格数据。在这个例子中，我们假设表格是直接呈现的，没有复杂的嵌套结构，代码如下：

```
soup = BeautifulSoup(html_content, 'html.parser')
table = soup.find('table')       #查找网页中的表格
table_rows = table.find_all('tr')  #获取表格的所有行
```

（5）将表格数据转换为 DataFrame 类型。使用 Pandas 库将提取的表格数据转换为 DataFrame，方便后续处理和保存为 Excel 文件，代码如下：

```
#第 15 章 15.6 表格数据转换为 DataFrame 类型
data = []
#排除标题行，从第 2 行开始处理
for row in table_rows[1:]:
#获取所有单元格及内容
cells = row.find_all('td')
#提取单元格中的文本数据并去除首尾空格
    row_data = [cell.text.strip() for cell in cells]
    data.append(row_data)

df = pd.DataFrame(data)   #将数据转换为 DataFrame
```

类似地，可以读取表格中的第 1 行标题数据作为 DataFrame 的列标题。

（6）对数据进行整理，包括重复行的删除、空白内容用 0 填充、字符串类型转换为整数类型或浮点数类型、浮点数类型小数位的保留等，代码如下：

```
#第 15 章 15.7 对数据进行整理
#删除重复行
df = df.drop_duplicates()
#当数据为空时补 0
df['转化率'] = df['转化率'].replace({'': '0'})
#将字符串类型转换为整数类型
df['人气'] = df['人气'].astype("int32")
#将字符串类型转换为浮点数类型
```

```
df['点击率'] = df['点击率'].astype("float32")
df['转化率'] = df['转化率'].astype("float32")

# 浮点数类型保留 4 位小数
df['点击率'] = df['点击率'].round(4)
df['转化率'] = df['转化率'].round(4)
```

（7）将 DataFrame 保存为 Excel 文件。使用 Pandas 库的 to_excel()方法将 DataFrame 保存为 Excel 文件，代码如下：

```
df.to_excel('output.xlsx', index = False, header = False)    # 保存为 Excel 文件
# 不包括行索引和列标题
```

将以上步骤整合到一起，完整的代码如下：

```
# 第 15 章 15.8 网络爬虫的实现
from bs4 import BeautifulSoup
import requests
import pandas as pd

pd.set_option('display.unicode.ambiguous_as_wide', True)
pd.set_option('display.unicode.east_asian_width', True)
pd.set_option('display.max_columns', None)


def get_html_content(url):
    """
    爬取网页数据
    """
    # 模拟客户端浏览器
    headers = {'user - agent': 'Mozilla/5.0 (Windows NT 10.0; Win64; x64; rv:109.0) Gecko/
20100101 Firefox/113.0'}
    # 向网站请求网页内容
    response = requests.get(url = url, headers = headers)
    # 设置响应编码方式
    response.encoding = 'utf - 8'
    # 得到返回来的内容,对应网址上网页中的所有内容
    content = response.text
    # print('content:', content)
    return content


def parse_html_to_dataframe(content):
    """
    将网页数据解析到 dataframe 中
    """
    soup = BeautifulSoup(content, 'html.parser')
```

```
        table = soup.find('table')                    # 查找网页中的表格
        table_rows = table.find_all('tr')             # 获取表格的所有行
        # print(table_rows)
        data = []
        columns = []
        for row in table_rows[0:1]:                    # 读取标题行
            cells = row.find_all('th')                 # 获取单元格
            row_data = [cell.text.strip() for cell in cells]
                                                       # 提取单元格中的文本数据并去除首尾空格
            columns.append(row_data)

        for row in table_rows[1:]:                     # 排除标题行,从第 2 行开始处理
            cells = row.find_all('td')                 # 获取单元格
            row_data = [cell.text.strip() for cell in cells]
                                                       # 提取单元格中的文本数据并去除首尾空格
            data.append(row_data)

        data_frame = pd.DataFrame(data, columns = columns)    # 将数据转换为 DataFrame
        return data_frame


# 在实际使用时要替换为读者要读取的网页网址和端口号
addr = "http://127.0.0.1:8080"
html_content = get_html_content(addr)
df = parse_html_to_dataframe(html_content)


# 对数据进行整理
# 删除重复行
df = df.drop_duplicates()
# 当数据为空时补 0
df['转化率'] = df['转化率'].replace({'': '0'})
# 将字符串类型转换为整数类型
df['人气'] = df['人气'].astype("int32")
# 将字符串类型转换为浮点数类型
df['点击率'] = df['点击率'].astype("float32")
df['转化率'] = df['转化率'].astype("float32")


# 浮点数类型保留 4 位小数
df['点击率'] = df['点击率'].round(4)
df['转化率'] = df['转化率'].round(4)
# 保存为 Excel 文件,包括行索引和列标题
df.to_excel('output.xlsx', index = True, header = True)
```

　　在使用爬虫技术时,要尊重网站的爬取规则,遵守相关协议、设置合理的爬取频率和延时,以避免给网站带来过大的负担。另外一些网站会采取反爬虫措施,如验证码、IP 封禁等,需要使用相应的技术手段来应对。最后爬取的数据可能存在错误或不合法的情况,需要进行数据清洗和验证,以确保数据的准确性和合法性。

15.5　实训作业

　　使用网络爬虫技术读取网页上的内容,进行数据解析和清洗,最后保存为 Excel 格式文件。

第 16 章

CHAPTER 16

软 件 测 试

在软件开发中,我们在实现具体业务时,往往注重程序代码的编写,但是软件的测试也是很重要的。测试是在用户使用软件之前提前介入,通过测试可以发现软件中存在的缺陷,从而降低商业风险,提高用户对软件的信心,并促进软件的持续改进和优化。软件测试对于确保软件的质量和稳定性至关重要。只有经过了软件测试这一环节,才能放心地把软件交付到用户手中。

在平时的开发中,我们如果想验证函数的功能是否正确,则可以自己手工输入一些值,并进行测试。当一个软件工程项目中的函数、类、包、模块等数量很多时,通过人工一个一个地测试,效率将会很低。本章将介绍通过自动化的测试工具来帮助我们提高测试的效率和流程。

5min

16.1 测试的方法和种类

软件测试方法主要分为黑盒测试、白盒测试和灰盒测试。

黑盒测试也被称为功能测试或数据驱动测试,它主要关注软件的功能和需求,而不关心内部实现细节。被测对象的内部结构、运作情况对测试人员是不可见的,测试人员主要通过输入数据来确定功能是否完整,以及是否正常,然而,由于它不关注内部实现细节,因此可能无法检测到代码中的隐藏错误。

白盒测试是基于代码的测试,白盒测试通过在不同点检查程序状态,确定实际状态是否与预期的状态一致,因此白盒测试又称为结构测试或逻辑驱动测试。白盒测试的优点在于它可以检测代码中的每条分支和路径,揭示隐藏在代码中的错误,对代码的测试比较彻底。

灰盒测试介于黑盒测试和白盒测试之间,它既关注系统的功能和需求,也关注内部实现细节。

可以根据不同的标准和目的对测试进行分类,常见的软件测试类别有以下几种。

(1)功能测试(Functional Testing):功能测试是验证软件系统的功能是否按照需求规格说明书或功能规范进行实现的过程。功能测试关注的是系统的功能是否可以正常工作,包括功能的正确性、完整性、可靠性和兼容性等方面。

（2）性能测试（Performance Testing）：性能测试是评估软件系统在不同负载和压力条件下的性能表现和响应能力的过程。性能测试关注的是系统的性能指标，如响应时间、吞吐量、并发用户数和资源利用率等。

（3）安全测试（Security Testing）：安全测试是评估软件系统的安全性和防护能力的过程，以发现潜在的安全漏洞和弱点。安全测试关注的是系统的安全性，包括认证和授权、数据保护、防止攻击和恶意行为等方面。

（4）兼容性测试（Compatibility Testing）：兼容性测试是验证软件系统在不同的操作系统、浏览器、设备和网络环境下的兼容性和互操作性的过程。兼容性测试关注的是系统在不同环境下的稳定性和一致性，以确保用户能够正常使用系统。

（5）用户界面测试（User Interface Testing）：用户界面测试是验证软件系统的用户界面是否符合设计要求、易于使用和友好的过程。用户界面测试关注的是系统的界面布局、交互、响应和可访问性等方面。

另外还有回归测试（Regression Testing）、接口测试（Interface Testing）和自动化测试（Automation Testing）等。

16.2　Doctest 文档交互式测试

7min

Doctest 是 Python 的一个测试标准库。在函数的文档说明内部，可以编写测试用例，即交互式 Python 会话的文本片段，包含函数的调用方式及返回值。这样，Doctest 模块会根据这些测试用例来测试函数，判断实际运行结果和期望结果是否一致，以确保函数的功能正确。通过文档测试，使文档中的内容被执行和验证。

如果自动测试成功，则不会输出信息，如果测试失败，则会输出失败对应的语句和测试失败的提示信息。

以下的示例使用 Doctest 完成函数的测试。这个函数的功能是输入一个数列，然后求出这个数列的平均数。测试用例，即交互式 Python 会话的文本片段写在了函数文档说明的内部，代码如下：

```python
# 第16章 16.1 使用 Doctest 实现文档交互式测试
def average(values):
    """自动计算列表的平均数，并与结果比较

    >>> print(average([20, 30, 70]))
    40.0
    """
    return sum(values) / len(values)


import doctest
doctest.testmod()    # 自动验证注释中的内容是否正确


# print(average([3,5,7]))
```

在一般的开发过程中，如果想测试这个函数的功能是否正确，则可能会输入代码，如 print(average([3,5,7]))，通过传入一个列表，然后调用这个函数来得到输出结果，计算出平均数，验证这个函数的功能是否正确，但是当我们定义的函数很多时，这样进行测试的效率就会很低。

通过在函数的文档中模拟这个过程，在文档中模拟传入一个列表，调用这个函数，在下一行中将预期运行的结果输出的屏幕上。当程序运行时，由计算机自动计算，并和期望的值进行比较，如果没有问题，则没有输出。

如果对输入的列表的值或输出的值进行修改（如果将 30 修改为 50），则会导致测试失败，出现以下的错误信息。

```
**************************************************************************
File "D:\python 课程建设\测试\a1501.py", line 4, in __main__.average
Failed example:
    print(average([20, 50, 70]))
Expected:
    40.0
Got:
    46.666666666666664
**************************************************************************
1 items had failures:
   1 of   1 in __main__.average
*** Test Failed *** 1 failures.
```

因为这 3 个数的平均数不为 40，和期望的值 40 不符。

如果直接在命令行里运行，在命令行的最后加上 -v 参数，doctest 则会打印出它所尝试的详细日志，并在最后打印出一个总结。

```
python a1501.py - v       ♯在命令行下执行程序

♯输出的结果如下
Trying:
    print(average([20, 30, 70]))
Expecting:
    40.0
ok
1 items had no tests:
    __main__
1 items passed all tests:
   1 tests in __main__.average
1 tests in 2 items.
1 passed and 0 failed.
Test passed.
```

在上面的提示信息中，我们会发现默认的__main__方法没有被测试，average 方法测试通过。

16.3 Unittest 单元测试框架

对于简单的函数或模块,使用 Doctest 可以快速地为代码添加测试用例,并在文档中展示这些用例。此外,Doctest 的简洁性使它更容易被初学者理解和使用。

在 Python 语言中,Unittest 是 Python 标准库中的一个模块,主要用于编写和运行单元测试,当然也可以用于集成测试。

测试用例(Test Case)是为了实施测试而向被测试的系统提供的一组集合,这组集合包含测试环境、操作步骤、测试数据、预期结果等要素。Unittest 提供了一套丰富的 API 来帮助开发者编写测试用例,并可以集成到 IDE 或构建工具中,以便轻松地运行和调试测试。

Unittest 单元测试的主要优点如下。

(1)功能丰富:Unittest 提供了更丰富的测试功能,如测试套件、测试加载器、测试发现等。这使组织和管理测试用例更加方便和高效。

(2)断言方法多样:Unittest 提供了更多的断言方法,如 assertEqual、assertTrue、assertFalse 等,可以方便地检查测试结果是否符合预期,而 Doctest 主要通过检查输出与期望是否匹配进行断言。

(3)灵活性:Unittest 允许开发者自定义测试用例和测试套件,可以方便地组织不同的测试场景。此外,Unittest 还支持测试固件和测试清理,可以在测试前后执行一些特定的操作。

(4)可扩展性:Unittest 可以与其他测试工具和框架集成,如 Pytest、Nose 等。这使 Unittest 具有更好的可扩展性,可以满足更复杂的测试需求。

(5)更好的错误报告:Unittest 提供了更详细的错误报告,包括失败的测试用例、错误信息和堆栈跟踪等。这有助于开发者更快地定位和修复问题。

(6)社区支持:Unittest 作为 Python 标准库的一部分,得到了广泛的支持和维护。这使在使用 Unittest 时可以获得更好的文档、教程和解决问题的方案。

使用 Unittest 进行测试的步骤如下:

(1)建立要测试的工程。工程结构图如图 16-1 所示。

图 16-1 工程结构图

在这个工程中,包含了位于 bank_account.py 文件中被测试的类 BankAccount。要对它进行测试的类 AccountBalanceTestCase 位于 test_bank_account.py 文件中。测试类一般放在 tests 文件夹中。

(2)定义被测试的类 BankAccount。BankAccount 中的内容,代码如下:

```
#第16章 16.2 定义被测试的类 BankAccount
class BankAccount(object):
```

```
"""
银行账号类,模拟银行存取款业务
"""

#初始化方法
def __init__(self, balance = 3000):
    self.balance = balance

#模拟存款的方法
def deposit(self, amount):
    self.balance += amount
    return self.balance

#模拟取款的方法
def withdraw(self, amount):
    if self.balance >= amount:
        self.balance -= amount
    else:
        return 'Invalid Transaction'
```

BankAccount 类的主要功能为模拟银行的存取款业务。里面包含初始化方法__init__()、存款方法 deposit()和取款方法 withdraw()。

（3）定义测试类 AccountBalanceTestCase 中的内容,代码如下：

```
#第 16 章 16.3 定义测试类 AccountBalanceTestCase
import unittest

from com.bank.bank_account import BankAccount

class AccountBalanceTestCase(unittest.TestCase):
    """
    对银行业务进行测试
    """

    #初始化方法
    def setUp(self):
        self.account = BankAccount()

    #模拟查询业务
    def test_balance(self):
        self.assertEqual(self.account.balance, 3000, msg = 'Account Balance Invalid.')

    #模拟存款业务
    def test_deposit(self):
        self.account.deposit(4000)
        self.assertEqual(self.account.balance, 7000, msg = 'Deposit Method Inaccurate.')

    #模拟取款业务
    def test_withdraw(self):
```

```
        self.account.withdraw(500)
        self.assertEqual(self.account.balance, 2500, msg = 'Withdraw method Inaccurate.')

    # 模拟取款中余额不足的情况
    def test_invalid_transaction(self):
        self.assertEqual(self.account.withdraw(6000), "Invalid Transaction", msg = 'Invalid
Transaction.')
```

在这个类中,分别通过不同的方法对查询、存款、取款和余额不足进行了测试。

上述 4 个独立的测试方法的命名都以 test 开头。这个命名约定告诉测试运行者哪些方法表示测试。每个测试的关键代码是通过调用 assertEqual() 来检查预期的输出。通过 setUp() 和 tearDown() 方法,可以设置测试开始前与完成后需要执行的指令。

(4) 运行该测试脚本。在测试类的左边和测试方法的左边有测试运行按钮,如图 16-2 所示。

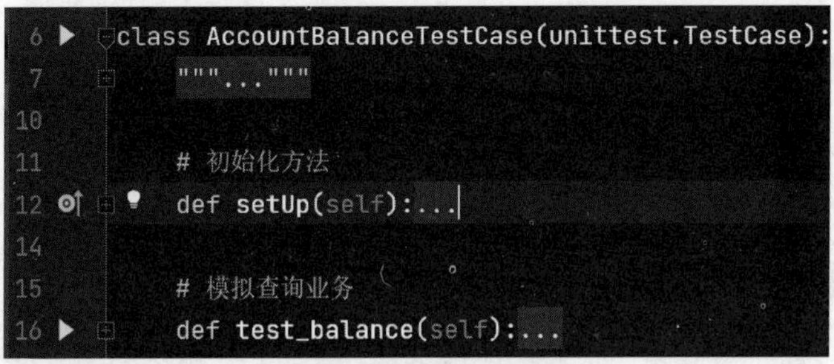

图 16-2 运行测试类

当在测试类中单击类的左边运行按钮时,会运行类中的所有测试方法。输出的结果如下:

```
Testing started at 13:30 …
Launching pytest with arguments test_bank_account.py::AccountBalanceTestCase – – no – header
– – no – summary – q in C:\python – unittest\tests\bank


============================= test session starts
collecting … collected 4 items

test_bank_account.py::AccountBalanceTestCase::test_balance PASSED          [ 25 % ]
test_bank_account.py::AccountBalanceTestCase::test_deposit PASSED          [ 50 % ]
test_bank_account.py::AccountBalanceTestCase::test_invalid_transaction PASSED [ 75 % ]
test_bank_account.py::AccountBalanceTestCase::test_withdraw PASSED          [100 % ]


============================= 4 passed in 0.02s
```

当单击测试类中测试方法左边的运行按钮时,只会单独运行这种方法,而不会运行其他的测试方法。如单击测试方法 test_balance() 左边的运行按钮,输出的结果如下:

```
============================== test session starts
collecting … collected 1 item

test_bank_account.py::AccountBalanceTestCase::test_balance PASSED          [100%]

============================== 1 passed in 0.01s
```

在上面的测试中，我们只是用 assertEqual 测试了值是否相等。在其他的测试应用中，也可以用其他方法进行测试，如 assertIsNone 测试是否为空、assertRaises 测试是否有异常、assertAlmostEqual 测试两个给定的值是否几乎相等。

可以单击主窗口中的运行按钮，整个工程的所有测试方法都可以被自动运行，大大提高了测试的效率。

2min

16.4 Pytest 测试

Pytest 是一个广泛使用的 Python 测试框架，它提供了丰富的功能和插件来帮助编写和运行单元测试、集成测试和功能测试。

Pytest 相对于 Unittest 有以下优势。

(1) 更简洁的断言：Pytest 使用简单的 assert 语句实现断言，无须像 Unittest 那样使用 self.assert* 方法。这使测试用例更简洁易读。

(2) 自动发现测试：Pytest 可以自动发现和执行测试模块和测试函数，而无须像 Unittest 那样手动组织测试套件。

(3) 更好的失败信息：当断言失败时，Pytest 会提供更详细的失败信息，包括失败的位置和原因，有助于更快地定位问题。

(4) 丰富的插件生态：Pytest 有丰富的插件生态，包括支持参数化并行测试、测试覆盖率报告等功能的插件。这使 Pytest 更加灵活和可扩展。

下面是使用 Pytest 的基本步骤：

(1) 安装 Pytest。在项目目录下，打开终端或命令行，运行以下命令来安装 Pytest：

```
pip install pytest
```

(2) 创建测试文件。在项目目录下，创建一个新的文件，命名为 test_<your_module_name>.py，例如 test_my_module.py。在这个文件中，编写 Pytest 的测试用例。

(3) 编写测试用例。相对于要测试类中的方法，编写对应的测试方法，代码如下：

10min

```
#第16章 16.4 使用 Pytest 编写测试用例
import pytest
from com.bank.bank_account import BankAccount

class TestAccountBalance:
    """
    对银行业务进行测试
```

```
        """

        #初始化方法
        @pytest.fixture
        def account(self):
            return BankAccount()

        #模拟查询业务
        def test_balance(self, account):
            assert account.balance == 3000

        #模拟存款业务
        def test_deposit(self, account):
            account.deposit(4000)
            assert account.balance == 7000

        #模拟取款业务
        def test_withdraw(self, account):
            account.withdraw(500)
            assert account.balance == 2500

        #模拟取款中余额不足的情况
        def test_invalid_transaction(self, account):
            assert account.withdraw(6000) == "Invalid Transaction"
```

在测试文件中,使用 Pytest 的装饰器和断言来编写测试用例。例如@pytest.fixture 是 Pytest 中用于定义测试的装饰器。fixture 用于提供测试所需资源的机制,它可以在测试函数之前或之后执行特定的代码,并返回一个值或对象,供测试函数使用。

(4) 运行测试用例。在终端或命令行中,导航到项目目录,并运行以下命令来执行测试。运行结果类似于 Unittest 单元测试,如运行取款业务的输出如下:

```
============================== test session starts
collecting … collected 1 item

test_bank_account_ytest.py::TestAccountBalance::test_deposit PASSED       [100%]

============================== 1 passed in 0.01s
```

Pytest 会自动地发现并运行所有的测试文件中的测试用例。它会显示每个测试用例的结果,以及总体的测试覆盖率等信息。

Pytest 提供了丰富的插件来扩展其功能,例如并行测试、测试覆盖率报告等。可以根据需要安装和配置这些插件。也可以通过运行 pytest --help 命令查看可用的插件和选项。

在实际的业务中,可以根据实际需要编写更多的测试用例,覆盖不同的功能和边界情况。确保代码在各种情况下都能正常运行。

除了以上所介绍的工具外,还有其他的测试相关工具。

(1) coverage:一个代码覆盖率分析工具,用于测量测试覆盖率。它可以帮助开发者了解测试用例覆盖了代码的哪些部分，从而改进测试用例的设计。

（2）mock：一个模拟库，用于模拟测试中需要的依赖项。它可以帮助开发者在单元测试中隔离外部依赖，确保测试的独立性和可重复性。

16.5 实训作业

（1）编写一段代码，完成 Doctest 文档交互式测试。

（2）编写一段代码，完成 Unittest 单元测试，使用其他测试方法，如 assertAlmostEqual 等。

（3）编写一段代码，完成 Pytest 测试。

ASCII 编码和内置函数

A.1 ASCII 编码

ASCII（American Standard Code for Information Interchange）：美国信息交换标准代码是基于拉丁字母的一套计算机编码系统，是由美国国家标准学会（American National Standard Institute，ANSI）制定的，是一种标准的单字节字符编码方案，适用于基于文本的数据，如图 A-1 所示。

ASCII	Hex	Symbol	ASCII	Hex	Symbol	ASCII	Hex	Symbol	ASCII	Hex	Symbol
0	0	NUL	16	10	DLE	32	20	(space)	48	30	0
1	1	SOH	17	11	DC1	33	21	!	49	31	1
2	2	STX	18	12	DC2	34	22	"	50	32	2
3	3	ETX	19	13	DC3	35	23	#	51	33	3
4	4	EOT	20	14	DC4	36	24	$	52	34	4
5	5	ENQ	21	15	NAK	37	25	%	53	35	5
6	6	ACK	22	16	SYN	38	26	&	54	36	6
7	7	BEL	23	17	ETB	39	27	'	55	37	7
8	8	BS	24	18	CAN	40	28	(	56	38	8
9	9	TAB	25	19	EM	41	29	)	57	39	9
10	A	LF	26	1A	SUB	42	2A	*	58	3A	:
11	B	VT	27	1B	ESC	43	2B	+	59	3B	;
12	C	FF	28	1C	FS	44	2C	,	60	3C	<
13	D	CR	29	1D	GS	45	2D	-	61	3D	=
14	E	SO	30	1E	RS	46	2E	.	62	3E	>
15	F	SI	31	1F	US	47	2F	/	63	3F	?

ASCII	Hex	Symbol	ASCII	Hex	Symbol	ASCII	Hex	Symbol	ASCII	Hex	Symbol
64	40	@	80	50	P	96	60	`	112	70	p
65	41	A	81	51	Q	97	61	a	113	71	q
66	42	B	82	52	R	98	62	b	114	72	r
67	43	C	83	53	S	99	63	c	115	73	s
68	44	D	84	54	T	100	64	d	116	74	t
69	45	E	85	55	U	101	65	e	117	75	u
70	46	F	86	56	V	102	66	f	118	76	v
71	47	G	87	57	W	103	67	g	119	77	w
72	48	H	88	58	X	104	68	h	120	78	x
73	49	I	89	59	Y	105	69	i	121	79	y
74	4A	J	90	5A	Z	106	6A	j	122	7A	z
75	4B	K	91	5B	[	107	6B	k	123	7B	{
76	4C	L	92	5C	\	108	6C	l	124	7C		
77	4D	M	93	5D	]	109	6D	m	125	7D	}
78	4E	N	94	5E	^	110	6E	n	126	7E	~
79	4F	O	95	5F	_	111	6F	o	127	7F	□

图 A-1　ASCII 编码图表

它最初是美国国家标准，供不同计算机在相互通信时用作共同遵守的西文字符编码标准，后来它被国际标准化组织（International Organization for Standardization，ISO）定为国际标准，称为 ISO 646 标准。适用于所有拉丁文字字母。主要用于显示现代英语和其他西欧语言。和汉字有关的文字编码标准主要有 UTF-8、GB2312、GBK、Unicode 等。

A. 2 Python 中常用的内置函数

Python 解释器内置了很多函数和类型，不用导入便可直接使用。下面是一些常用的函数及说明。

(1) dir()：查找模块定义的名称。

(2) abs(x)：返回一个数的绝对值。

(3) chr(i)：返回 Unicode 码位为整数 i 的字符的字符串格式。

(4) eval(expression)：表达式解析参数 expression 并作为 Python 表达式进行求值。

(5) help([object])：启动内置的帮助系统，说明 object 对象的使用方式。

(6) len(s)：返回对象的长度（元素的个数）。实参可以是序列（如 string、bytes、tuple、list 或 range 等）或集合（如 dictionary、set 或 frozen set 等）。

(7) max(arg1,arg2, * args[,key])：返回可迭代对象中最大的元素，或者返回两个及以上实参中最大的那个。

(8) min(arg1,arg2, * args[,key])：返回可迭代对象中最小的元素，或者返回两个及以上实参中最小的那个。

(9) round(number[,ndigits])：返回 number 舍入到小数点后 ndigits 位精度的值。

(10) sorted(iterable,/, * ,key＝None,reverse＝False)：根据 iterable 中的项返回一个新的已排序列表。

(11) sum(iterable,/,start＝0)：从 start 开始自左向右对 iterable 的项求和并返回总计值。

参 考 文 献

[1] 明日科技. Python 从入门到精通[M]. 2 版. 北京：清华大学出版社，2021.

[2] 黄锐军. Python 程序设计[M]. 2 版. 北京：高等教育出版社，2018.

[3] 马瑟斯. Python 编程：从入门到实践[M]. 袁国忠，译. 3 版. 北京：人民邮电出版社，2023.

[4] 李佳宇. Python 零基础入门学习[M]. 北京：清华大学出版社，2016.

图 书 推 荐

书　名	作　者
HarmonyOS 移动应用开发(ArkTS 版)	刘安战、余雨萍、陈争艳 等
深度探索 Vue.js——原理剖析与实战应用	张云鹏
前端三剑客——HTML5＋CSS3＋JavaScript 从入门到实战	贾志杰
剑指大前端全栈工程师	贾志杰、史广、赵东彦
Flink 原理深入与编程实战——Scala＋Java(微课视频版)	辛立伟
Spark 原理深入与编程实战(微课视频版)	辛立伟、张帆、张会娟
PySpark 原理深入与编程实战(微课视频版)	辛立伟、辛雨桐
HarmonyOS 应用开发实战(JavaScript 版)	徐礼文
HarmonyOS 原子化服务卡片原理与实战	李洋
鸿蒙操作系统开发入门经典	徐礼文
鸿蒙应用程序开发	董昱
鸿蒙操作系统应用开发实践	陈美汝、郑森文、武延军、吴敬征
HarmonyOS 移动应用开发	刘安战、余雨萍、李勇军 等
HarmonyOS App 开发从 0 到 1	张诏添、李凯杰
JavaScript 修炼之路	张云鹏、戚爱斌
JavaScript 基础语法详解	张旭乾
华为方舟编译器之美——基于开源代码的架构分析与实现	史宁宁
Android Runtime 源码解析	史宁宁
恶意代码逆向分析基础详解	刘晓阳
网络攻防中的匿名链路设计与实现	杨昌家
深度探索 Go 语言——对象模型与 runtime 的原理、特性及应用	封幼林
深入理解 Go 语言	刘丹冰
Vue＋Spring Boot 前后端分离开发实战	贾志杰
Spring Boot 3.0 开发实战	李西明、陈立为
Vue.js 光速入门到企业开发实战	庄庆乐、任小龙、陈世云
Flutter 组件精讲与实战	赵龙
Flutter 组件详解与实战	[加]王浩然(Bradley Wang)
Dart 语言实战——基于 Flutter 框架的程序开发(第 2 版)	亢少军
Dart 语言实战——基于 Angular 框架的 Web 开发	刘仕文
IntelliJ IDEA 软件开发与应用	乔国辉
Python 量化交易实战——使用 vn.py 构建交易系统	欧阳鹏程
Python 从入门到全栈开发	钱超
Python 全栈开发——基础入门	夏正东
Python 全栈开发——高阶编程	夏正东
Python 全栈开发——数据分析	夏正东
Python 编程与科学计算(微课视频版)	李志远、黄化人、姚明菊 等
Python 游戏编程项目开发实战	李志远
编程改变生活——用 Python 提升你的能力(基础篇·微课视频版)	邢世通
编程改变生活——用 Python 提升你的能力(进阶篇·微课视频版)	邢世通
编程改变生活——用 PySide6/PyQt6 创建 GUI 程序(基础篇·微课视频版)	邢世通
编程改变生活——用 PySide6/PyQt6 创建 GUI 程序(进阶篇·微课视频版)	邢世通

书　名	作　者
Diffusion AI 绘图模型构造与训练实战	李福林
图像识别——深度学习模型理论与实战	于浩文
数字 IC 设计入门(微课视频版)	白栎旸
动手学推荐系统——基于 PyTorch 的算法实现(微课视频版)	於方仁
人工智能算法——原理、技巧及应用	韩龙、张娜、汝洪芳
Python 数据分析实战——从 Excel 轻松入门 Pandas	曾贤志
Python 概率统计	李爽
Python 数据分析从 0 到 1	邓立文、俞心宇、牛瑶
从数据科学看懂数字化转型——数据如何改变世界	刘通
鲲鹏架构入门与实战	张磊
鲲鹏开发套件应用快速入门	张磊
华为 HCIA 路由与交换技术实战	江礼教
华为 HCIP 路由与交换技术实战	江礼教
openEuler 操作系统管理入门	陈争艳、刘安战、贾玉祥 等
5G 核心网原理与实践	易飞、何宇、刘子琦
FFmpeg 入门详解——音视频原理及应用	梅会东
FFmpeg 入门详解——SDK 二次开发与直播美颜原理及应用	梅会东
FFmpeg 入门详解——流媒体直播原理及应用	梅会东
FFmpeg 入门详解——命令行与音视频特效原理及应用	梅会东
FFmpeg 入门详解——音视频流媒体播放器原理及应用	梅会东
精讲 MySQL 复杂查询	张方兴
Python Web 数据分析可视化——基于 Django 框架的开发实战	韩伟、赵盼
Python 玩转数学问题——轻松学习 NumPy、SciPy 和 Matplotlib	张骞
Pandas 通关实战	黄福星
深入浅出 Power Query M 语言	黄福星
深入浅出 DAX——Excel Power Pivot 和 Power BI 高效数据分析	黄福星
从 Excel 到 Python 数据分析:Pandas、xlwings、openpyxl、Matplotlib 的交互与应用	黄福星
云原生开发实践	高尚衡
云计算管理配置与实战	杨昌家
虚拟化 KVM 极速入门	陈涛
虚拟化 KVM 进阶实践	陈涛
HarmonyOS 从入门到精通 40 例	戈帅
OpenHarmony 轻量系统从入门到精通 50 例	戈帅
AR Foundation 增强现实开发实战(ARKit 版)	汪祥春
AR Foundation 增强现实开发实战(ARCore 版)	汪祥春
ARKit 原生开发入门精粹——RealityKit ＋ Swift ＋ SwiftUI	汪祥春
HoloLens 2 开发入门精要——基于 Unity 和 MRTK	汪祥春
Octave 程序设计	于红博
Octave GUI 开发实战	于红博
Octave AR 应用实战	于红博
全栈 UI 自动化测试实战	胡胜强、单镜石、李睿